机器人的设计与制作

主　编　项建峰
副主编　周丽娇　周新妹
　　　　郭海东　陈　宏

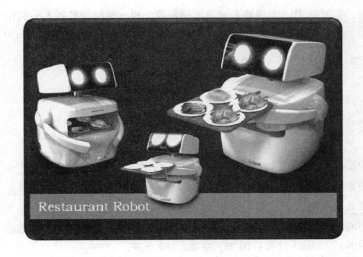

Restaurant Robot

电子工业出版社

Publishing House of Electronics Industry

北京·BEIJING

内 容 简 介

　　本书以送餐机器人为例，从机器人的发展历程与应用领域、机器人机械结构的建模与装配、机器人控制电路的设计与制板和机器人控制程序的编写与调试四个方面详细地介绍了设计与制作机器人的过程，让学习者通过本书的学习从而能够自行设计和制作相应功能的机器人，服务于日常的生产生活。

　　本书内容贴合实际，简单易懂，适合对机器人感兴趣的 DIY 爱好者、电子技术爱好者阅读，也非常适合中职学生进行机器人设计、电子制作等实验教学使用。

图书在版编目（CIP）数据

机器人的设计与制作 / 项建峰主编. —北京：电子工业出版社，2020.5
ISBN 978-7-121-38960-3

Ⅰ. ①机… Ⅱ. ①项… Ⅲ. ①机器人－设计－高等学校－教材②机器人－制作－高等学校－教材
Ⅳ. ①TP242

中国版本图书馆 CIP 数据核字（2020）第 066608 号

责任编辑：祁玉芹
文字编辑：张豪
印　　刷：中国电影出版社印刷厂
装　　订：中国电影出版社印刷厂
出版发行：电子工业出版社
　　　　　北京市海淀区万寿路 173 信箱　邮编：100036
开　　本：787×1092　1/16　印张：10.75　字数：262 千字
版　　次：2020 年 5 月第 1 版
印　　次：2023 年 3 月第 2 次印刷
定　　价：59.00 元

现代社会的发展，科学技术正起着越来越重要的作用，这其中一个佼佼者便是机器人。机器人集成了材料技术、光学技术、仿生科学、自动化技术、电子技术、人工智能技术等诸多领域的技术，是一种现代科学技术集大成式的代表。将来，各种类型的机器人将在工业、农业、军事、科研、交通、生活、医疗救护、社会服务等各个领域发挥无法估量的巨大作用。学习、理解、使用、甚至开发和制造机器人，对青少年的知识积累和成长成材都会起到极大的促进作用。这也是我们设置机器人课程，编写机器人教材的根本缘由所在。

本书不准备探究机器人的高端技术、专业理论、数学工具、复杂算法或最新科研成果，仅从简单易行的普通送餐机器人入手，介绍其设计与制作的知识与方法，让学习者从机器人机械结构的建模与装配、机器人控制电路的设计与制板、机器人控制程序的编写与调试三个方面学会机器人从无到有的开发流程。使学习者能够将所学的知识进行综合的应用，实现专业知识的有效结合，开发出实际生产生活所需的机器人。

本课程基于产品过程的开发理念，详细地讲述了送餐机器人设计与制作的具体流程和方法。内容介绍中既兼顾知识性、专业性，又注重实用性和可行性，以使本课程成为一门联系生活、浅显易懂，生动实用、操作性强的专业课程。

本书共分 4 章，参考课时为 108，各章节参考课时如下所示：

序　号	课程内容	参考课时
1	第 1 章　机器人的发展历程与应用领域	4
2	第 2 章　机器人机械结构的建模与装配	36
3	第 3 章　机器人控制电路的设计与制板	32
4	第 4 章　机器人控制程序的编程与调试	36
	合计	108

本课程在具体实施过程中，可根据具体教学资源、学生实际学习完成情况进行适当的调整，充分发挥学生的能力特长。

本教材是各位作者协商合作以及辛勤劳动的结晶。各编著者负责内容为：项建峰负责编写第 1 章、第 4 章和附录，周新妹负责编写第 2 章，周丽娇负责编写第 3 章，由项建峰负责全书的审阅和统稿工作。

在编写的过程中，本教材得到了平湖市职业中等专业学校贺陆军、姚雁、刘春风等老师的帮助，在此一并表示衷心感谢。

由于编者水平有限，时间仓促，书中难免有错误和不足之处，希望使用本书的师生对本书中出现的错误和不足给予批评与指正。

编　者

2020.05

目　录

第 *1* 章　机器人的发展历程与应用领域

机器人（Robot）是能够自动执行工作的机器装置，它既可以听从人类指挥，又可以运行预先编排的程序，也可以遵循人工智能技术制定的原则或程序行动。它的任务是协助或取代人类的工作，例如服务业、生产业、建筑业，主要是重复性强、大幅扩展人类体力和智力的工作。如图 1-1 所示为未来的智能机器人的造型例子。

图 1-1　智能机器人

1.1　发展历程

智能机器人是最复杂的机器人，也是人类最渴望能够制造出来的机器朋友。然而要制造出一台智能机器人并不容易，仅仅是让机器模拟人类的行走动作，科学家们就要付出数十甚至上百年的努力。

1920 年，捷克斯洛伐克作家卡雷尔 •恰佩克在他的科幻小说中，根据 Robota（捷克文，原意为"劳役、苦工"）和 Robotnik（波兰文，原意为"工人"），创造出了"机器人（Robot）"这个词。

1939 年，美国纽约世博会上展出了西屋电气公司制造的家用机器人 Elektro。它由电缆控制，可以行走，会说 77 个单词，甚至可以抽烟，不过离真正干家务活还差得远。但它让人们对家用机器人的憧憬变得更加具体。如图 1-2 所示为家用机器人 Elektro。

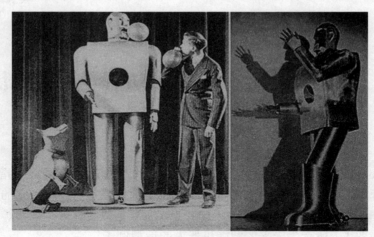

图 1-2　家用机器人 Elektro

1942 年，美国科幻巨匠阿西莫夫提出了"机器人三定律"。虽然这只是科幻小说里的创作，但后来成为了学术界默认的研发原则。

1948 年，诺伯特·维纳出版了《控制论——关于在动物和机器中控制和通信的科学》，阐述了机器中的通信和控制机能与人的神经、感觉机能的共同规律，率先提出以计算机为核心的自动化工厂。

1954 年，在达特茅斯会议上，马文·明斯基提出了他对智能机器人的看法"智能机器人能够创建周围环境的抽象模型，如果遇到问题，能够从抽象模型中寻找解决方法"。这个定义影响了之后 30 年智能机器人的研究方向。

1956 年，美国人乔治·德沃尔制造出世界上第一台可编程的机器人，并注册了专利。它的机械手能按照不同的程序从事不同的工作，因此具有通用性和灵活性。

1959 年，德沃尔与美国发明家约瑟夫·英格伯格联手制造出第一台工业机器人。随后，成立了世界上第一家机器人制造工厂——Unimation 公司。由于英格伯格对工业机器人的研发和宣传，他也被称为"工业机器人之父"。

1962 年，美国 AMF 公司生产出 VERSTRAN（意思是万能搬运），与 Unimation 公司生产的 Unimate 一样成为真正商业化的工业机器人，并出口到世界各国，掀起了全世界对机器人及其研究的热潮。如图 1-3 所示为机器人 VERSTRAN。

1962 年—1963 年，传感器的应用提高了机器人的可操作性。人们试着在机器人上安装各种各样的传感器，包括 1961 年恩斯特采用的触觉传感器，1962 年托莫维奇和博尼在世界上最早的"灵

图 1-3　机器人 VERSTRAN

巧手"上用到的压力传感器。而 1963 年，麦卡锡则开始在机器人中加入视觉传感系统，并在 1964 年帮助麻省理工学院推出了世界上第一个带有视觉传感器，能识别并定位积木式的机器人系统。

1965 年，约翰·霍普金斯大学应用物理实验室研发出 Beast 机器人。Beast 已经能通过声呐系统、光电管等装置，根据环境校正自己的位置。20 世纪 60 年代中期开始，美国麻省理工学院、斯坦福大学、英国爱丁堡大学等陆续成立了机器人实验室。美国兴起研究第二代带传感器、"有感觉"机器人的热潮，并向人工智能领域进发。如图 1-4 所示为机器人 Beast。

图 1-4　机器人 Beast

1968 年，美国斯坦福研究所公布他们研发成功的机器人 Shakey。它带有视觉传感器，能根据人的指令发现并抓取积木，不过控制它的计算机有一个房间那么大。Shakey 可以算是世界上第一台智能机器人，同时拉开了第三代机器人研发的序幕。

1969 年，日本早稻田大学加藤一郎实验室研发出第一台可以双脚走路的机器人。加藤一郎长期致力于研发仿人机器人，被誉为"仿人机器人之父"。日本科学家一向以研发仿人机器人和娱乐机器人的技术见长，后来更进一步，催生出本田公司的 ASIMO 和索尼公司的 QRIO。

1973 年，世界上第一次机器人和小型计算机携手合作，诞生了美国 Cincinnati Milacron 公司的机器人 T3。

1978 年，美国 Unimation 公司推出通用工业机器人 PUMA，这标志着工业机器人技术已经开始成熟。PUMA 至今仍然工作在工厂第一线。

1984 年，英格伯格推出机器人 HelpMate，这种机器人能在医院里为病人送饭、送药、送纸质邮件。他还预言："我要让机器人擦地板，做饭，出去帮我洗车，检查安全。"

1990 年，中国著名学者周海中教授在《论机器人》一文中预言："到二十一世纪中叶，纳米机器人将彻底改变人类的劳动和生活方式。"

1998 年，丹麦乐高公司推出机器人（Mindstorms）套件，让机器人制造变得跟搭积木一样，相对简单又能任意拼装，使机器人开始走入个人世界。

1999 年，日本索尼公司推出犬型机器人爱宝（AIBO），当即销售一空，从此娱乐机器人成为机器人进入普通家庭的途径之一。如图 1-5 所示为犬型机器人 AIBO。

图 1-5　犬型机器人 AIBO

2002 年，美国 iRobot 公司推出了扫地机器人 Roomba。在房间之间，它能避开障碍，自动设计行进路线扫地清污，还能在电量不足时，自动驶向充电座进行充电。Roomba 是目前世界上销量最多、最商业化的家用扫地机器人。

2003 年，机器人参与火星探测计划。火星探测计划是一个正在进行的探索火星的太空任务。两台漫游者机器人于 2003 年着陆火星，完成探索火星表面和地质任务，如图 1-6 所示为漫游者机器人。同年，德国库卡公司（KUKA）开发出第一台娱乐机器人 Robocoaster。

图 1-6　漫游者机器人

2004 年，日本安川（Motoman）机器人公司开发了改进的机器人控制系统（NX100），它能够同步控制四台机器人，可达 38 轴。

2007 年，德国库卡公司（KUKA）推出了 1000 公斤有效载荷的远距离机器人和重型机器人，它大大扩展了工业机器人的应用范围。

2008 年，日本发那科（FANUC）公司推出了一个新的重型机器人 M-2000iA，其有效载荷约达 1200 公斤。同年，世界上第一例机器人切除脑瘤手术成功，施行手术的是卡尔加里大学医学院研制的"神经臂"。

2009 年，瑞典 ABB 公司推出了世界上最小、速度最快的多用途六轴工业机器人 IRB120。

2010 年，德国库卡公司（KUKA）推出了一系列新的货架式机器人（Quantec），该系列机器人拥有 KR C4 机器人控制器。

2011 年，第一台仿人型机器人进入太空。

2014 年，英国雷丁大学的研究表明，有一台超级计算机成功让人类相信它是一个 13 岁的男孩儿，从而成为有史以来首台通过"图灵测试"的机器人。

2015 年，中国研制出了世界上首台自主运动可变形的液态金属机器人。同年，世界级"网红"——Sophia（索菲亚）诞生。

2017 年 10 月 26 日，索菲亚在沙特阿拉伯首都利雅得举行的"未来投资倡议"大会上获得了沙特公民身份，也是史上首位获得公民身份的机器人，如图 1-7 所示为机器人索菲亚。同时，全球首款社交机器人 Jibo 与会翻跟头的人形机器人 Atlas 随之出现。

图 1-7　机器人索菲亚

1.2　应用领域

1.2.1　巡检机器人

　　巡检机器人可代替人工进行特殊环境下设备运行状态的检测判断，采用无轨化导航技术，实现设备区域覆盖巡视，并搭载多种传感器进行数据采集，利用数据分析设备状态，预警设备缺陷，保障运行安全。同时搭载巡检系统、手眼伺服系统和灭火系统，在满足日常巡检要求的条件下，具备在室内发生异常情况时进行应急操作、实现开关柜控制和火灾扑灭的功能。如图 1-8 所示为常见的电网巡检机器人。

图 1-8　电网巡检机器人

1.2.2　AGV 机器人

　　AGV 是"Automated Guided Vehicle"的缩写，意为"自动导引运输车"，是指装备有电磁或光学等自动导引装置，它能够沿规定的导引路径行驶，具有安全保护以及各种移载功能的运输车。AGV 属于轮式移动机器人（WMR——Wheeled Mobile Robot）的范畴，AGV

主要的三项技术：铰链结构、发动机分置技术和能量反馈。如图 1-9 所示为常见的 AGV 机器人。

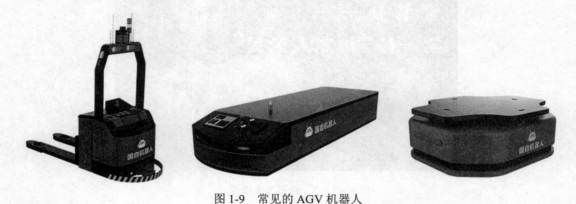

图 1-9　常见的 AGV 机器人

1.2.3　安防机器人

安防机器人是一种先进的自主巡逻设备，它是一种综合了自主运动、音视频智能识别、危险预警、智能车位管理等多种智能技术的综合性安防平台，可以协助人们完成重要场所的监控巡逻等安保工作。同时，可结合固定监控和环境大数据的收集分析，构成一套完整的安防监控系统，有效弥补了人工巡逻的各种弊端，满足智慧城市、大型仓储、智慧小区、各类商业综合体等场所的安全防护要求。如图 1-10 所示为公园巡逻安防机器人。

图 1-10　公园巡逻安防机器人

1.2.4　餐厅送餐机器人

机器人餐厅，是指以机器人服务为特点的餐厅。中国第一家机器人餐厅（The robot restaurant）最早于 2010 年在济南出现。在餐厅内行走的机器人服务员不仅可以与顾客打招呼，而且可以为顾客点菜。机器人们可以连续工作五个小时，再充两个小时的电后，还可以继续工作。它们的脸上可以呈现十多种表情，还会说基本的迎客用语。如图 1-11 所示为餐厅送餐机器人。

图 1-11　餐厅送餐机器人

1.2.5　酒店服务机器人

迎宾接待、入住、退房、送物、叫醒、旅游推荐、周边查询、打车出行……几乎你能想到的所有的前台服务都可以放心地交给 Angel。Angel 甚至可以自主乘坐电梯，到达不同楼层的指定房间，认识客人并打招呼，还能识别客人表情，对老人、儿童能进行亲情看护。如图 1-12 所示为酒店服务机器人。

图 1-12　酒店服务机器人

1.2.6　工业机器人

工业机器人是面向工业领域的多关节机械手或多自由度的机器装置，它能自动执行工作，是靠自身动力和控制能力来实现各种功能的一种机器。工业机器人的典型应用包括焊接、刷漆、组装、采集和放置（例如包装、码垛和 SMT）、产品检测和测试等；所有的工作完成都具有高效性、持久性、速度性和准确性。如图 1-13 所示为工业机器人在汽车自动化生产线中的应用。

图 1-13　工业机器人在汽车自动化生产线中的应用

1.2.7　军事机器人

军事机器人（Military Robot）是指为了军事目的而研制的自动机器人，在未来战争中，自动机器人士兵将会成为对敌作战军事行动的绝对主力。它是一种用于军事领域的具有某种仿人功能的自动机，从物资运输到搜寻勘探以及实战进攻，军用机器人的使用范围广泛。如图 1-14 所示为军事机器人。

图 1-14　军事机器人

第 2 章　机器人机械结构的建模与装配

　　三维建模技术直接将人脑中设计的产品通过三维模型设计工具实现，还可直接用于工程分析，尽早发现设计的不合理之处，大大提高了工程设计效率和可靠性。如图 2-1 所示为机器人三维模型。

图 2-1　机器人三维模型

2.1　初识 SOLIDWORKS

　　SOLIDWORKS 软件是面向产品级的机械设计工具，它全面采用非全约束的特征建模技术，为设计师提供了极强的设计灵活性。其设计过程的全相关性，使设计师可以在设计过程的任何阶段修改设计，同时自动完成关联部分的改动。SOLIDWORKS 拥有完整的机械设计软件包，软件包括了设计师必备的设计工具，即零部件设计、装配设计和工程制图。

2.1.1　SOLIDWORKS 基本操作

1.　启动与新建

　　双击软件图标"**SW**"，启动 SOLIDWORKS 2016，启动后界面如图 2-2 所示。

图 2-2　SOLIDWORKS 2016 启动后显示的界面

单击""按钮，打开"新建 SOLIDWORKS 文件"对话框，如图 2-3 所示。

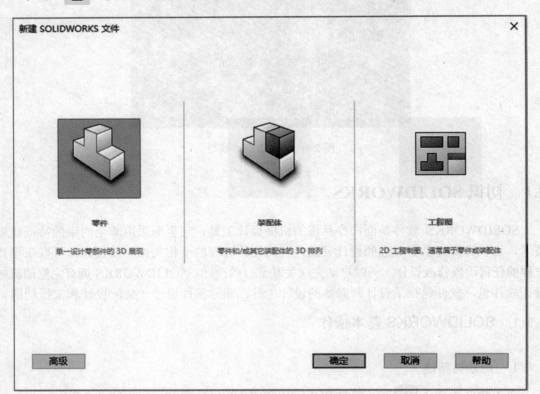

图 2-3　"新建 SOLIDWORKS 文件"对话框

在对话框中，根据自己的需求单击"零部件""装配体"或者"工程图"按钮，单击完成后，单击"确定"按钮，零部件新建完成界面如图 2-4 所示。

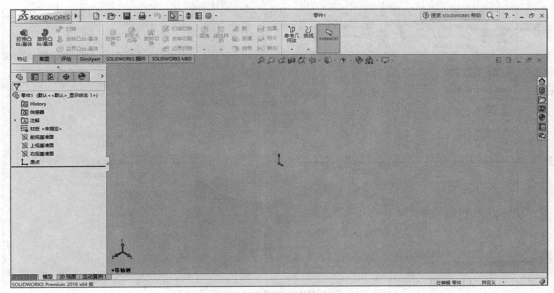

图 2-4　零部件新建完成界面

2.　保存与退出

建模完成之后，单击""按钮，完成文件的保存，单击右上角的"✕"按钮，退出软件。

2.1.2　SOLIDWORKS 用户界面

SOLIDWORKS 2016 经过重新设计，极大地提高了空间的利用率，虽然功能增加不少，但整体界面并没有太大变化，如图 2-5 所示为 SOLIDWORKS 2016 的用户界面。

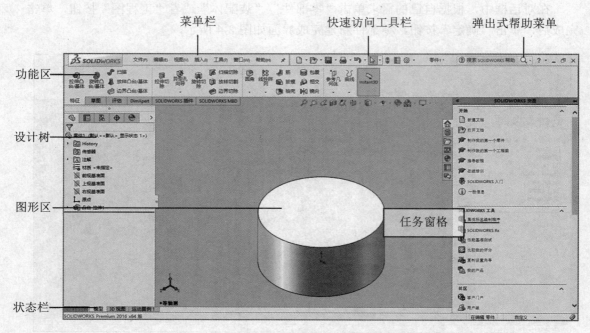

图 2-5　SOLIDWORKS 2016 的用户界面

SOLIDWORKS 2016 的用户界面中包括菜单栏、功能区、命令选项卡、设计树、图形区、状态栏、前导功能区、任务窗格及弹出式帮助菜单等内容，下面分别介绍。

1．菜单栏

菜单栏中几乎包括了 SOLIDWORKS 2016 的所有命令，如图 2-6 所示。

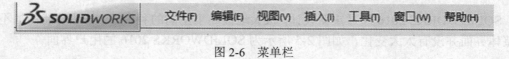

图 2-6　菜单栏

菜单栏中的菜单命令，可根据活动的文档类型和工作流程来调用，菜单栏中的许多命令也可通过命令选项卡、功能区、快捷菜单和任务窗格进行调用。

2．功能区

功能区对于大部分 SOLIDWORKS 的工具及插件产品均可使用。命名的工具选项卡可以帮助用户进行特定的设计任务，如应用曲面或工程图曲线等。由于命令选项卡中的命令显示在功能区中，并占用了功能区大部分，其余工具栏默认是关闭的。要显示其余 SOLIDWORKS 工具栏则可通过执行右键菜单命令，如图 2-7 所示。

图 2-7 SOLIDWORKS 工具栏

3. 命令选项卡

命令选项卡是一个与上下文相关的工具选项卡，它可以根据用户需要使用的工具栏进行动态更新。在默认情况下，它根据文档类型嵌入相应的工具栏，例如导入的文件是实体模型，"特征"选项卡中将显示用于创建特征的所有命令，如图 2-8 所示。

图 2-8 "特征"选项卡

若用户需要使用其他选项卡中的命令，可单击相应的选项卡按钮，它将更新以显示该功能区。例如，选择"草图"选项卡，草图工具将显示在功能区中，如图 2-9 所示。

图 2-9　"草图"选项卡

4．设计树

SOLIDWORKS 界面窗口左边的设计树提供激活零部件、装配体或工程图的大纲视图。用户通过设计树将使观察模型设计状态或装配体如何建造，以及检查工程图中的各个图纸和视图变得更加容易。设计树控制面板包括 Feature Manager（特征管理器）、Property Manager（属性管理器）、Configuration Manager（配置管理器）、DimXpert Manager（尺寸管理器）和 Display Manager（外观管理器），如图 2-10 所示。Feature Manager 设计树如图 2-11 所示。

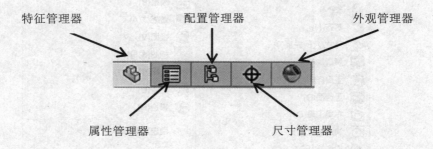

图 2-10　设计树标签

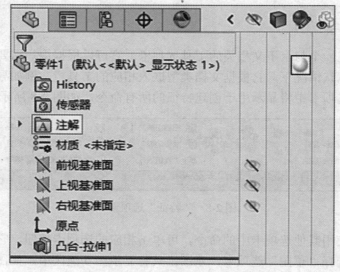

图 2-11　Feature Manager 设计树

5. 状态栏

状态栏是设计人员与计算机进行信息交互的主要窗口之一，很多系统信息都在这里显示，包括操作提示、各种警告信息、出错信息等，所以设计人员在操作过程中要养成随时关注状态栏的习惯。

6. 前导视图工具栏

图形区是用户设计、编辑及查看模型的操作区域。图形区中的前导视图工具栏为用户提供了模型外观编辑、视图操作工具，它包括整屏显示全图、局部放大视图、上一视图、剖面视图、视图定向、显示样式、显示/隐藏项目、编辑外观、应用布景及视图设定等视图工具，如图 2-12 所示。

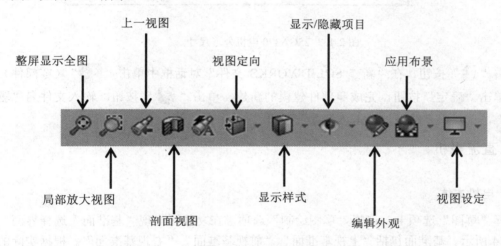

图 2-12　前导视图工具栏

2.2　驱动电机

机器人的动作需要依靠电机来驱动，因此电机在机器人中是必不可少的器件。常见的电机有直流电机、交流电机、步进电机、伺服电机，等等。其中，直流电机主要用来实现 360° 的不间断旋转运动，在机器人移动方面应用较多。

通常，直流电机本身有着较高的转速，扭矩相对较小。但是要带动机器人移动，速度无须太快，扭矩需要反而较大。为了解决这一问题，一般在直流电机上安装减速装置，在降低转速的同时增大了电机的扭矩，更符合对机器人的需求。

本实例所用的机器人采用 25GA370 直流减速电机作为机器人移动的动力来源，其具体的外形尺寸如图 2-13 所示。

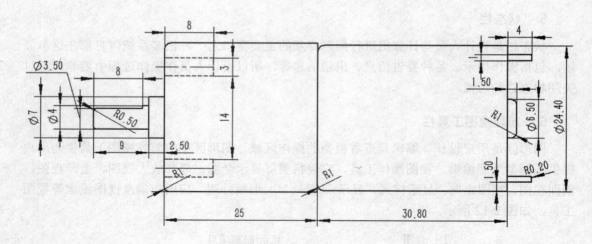

图 2-13 25GA370 电机外形尺寸

单击"▯"按钮，在"新建 SOLIDWORKS 文件"对话框中单击"▨"（零部件）按钮，单击"确定"按钮，完成零部件建模的新建。单击"▨"按钮，输入文件名"驱动电机"，选择保存路径，单击"保存"按钮。

2.2.1 直流电机

1. 电机本体

选择"草图"选项卡，选择"草图绘制"选项，在功能区出现"基准面"选择界面，如图 2-14 所示。基准面包括"上视基准面""前视基准面""右视基准面"。根据实际的需求进行选择，此处以"上视基准面"为例。

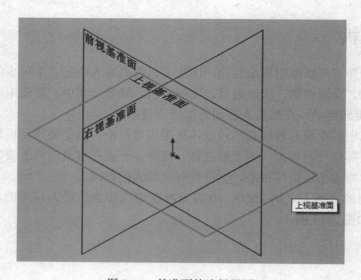

图 2-14 基准面的选择界面

确定基准面后，单击"⊙"按钮，在"图形区"选择 1 个圆心点，然后向外拉伸，左侧出现"参数"列表，如图 2-15 所示。

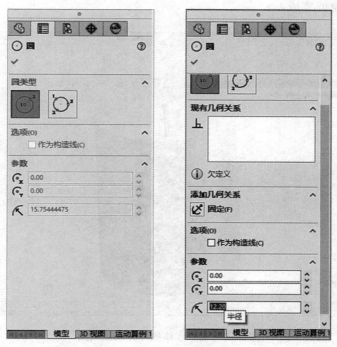

图 2-15　绘制圆"参数"列表

拉伸到一定位置后，单击鼠标左键，然后在"参数"列表中根据要求修改半径：12.20mm，按"Enter"键确定，绘制完成，如图 2-16 所示。

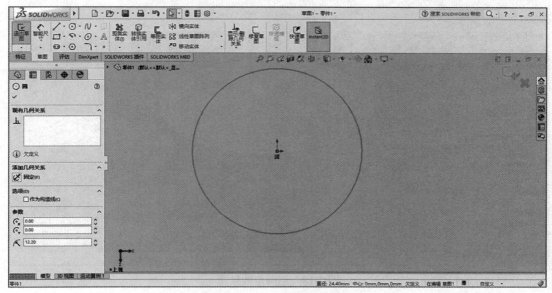

图 2-16　绘制完成效果图

选择"特征"选项卡，单击"拉伸凸台/基体"按钮，在功能区出现拉伸后的效果图，左侧出现"参数"列表，输入拉伸的高度：30.80mm，按"Enter"键，如图2-17所示。单击"✔"按钮，拉伸完成。

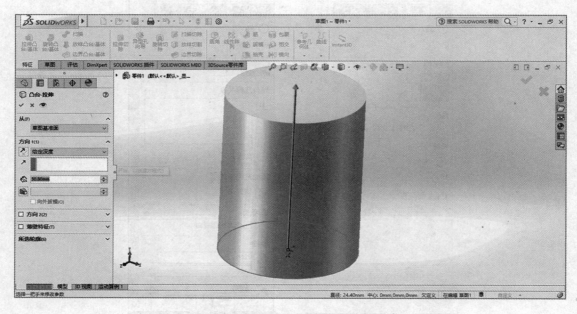

图 2-17　电机本体拉伸完成效果图

在"特征"选项卡中，单击"圆角"按钮，对电机本体上沿进行倒圆角，圆角半径：1.00mm，按"Enter"键，如图2-18所示。单击"✔"按钮，倒圆角完成。

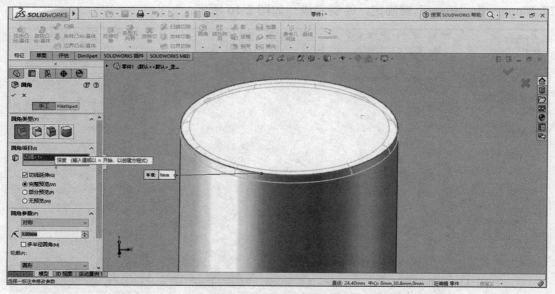

图 2-18　倒圆角效果图

2. 底部转轴端盖

选择"草图"选项卡，单击"⊙"按钮，以电机本体底面为基准面，以底端的圆心点为底部端盖的圆心点画圆，半径：3.25mm，如图 2-19 所示。设置完成后，按"Enter"键，绘制完成。

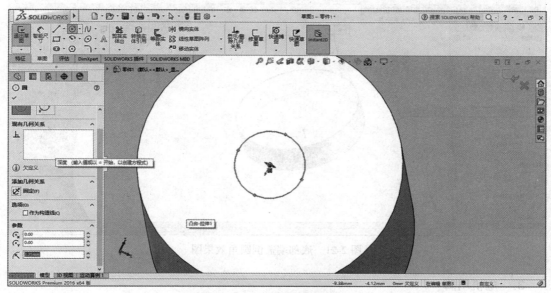

图 2-19　底部端盖圆绘制完成效果图

选择"特征"选项卡，单击"拉伸凸台/基体"按钮，左侧出现"参数"列表，输入拉伸的高度：1.50mm，按"Enter"键，如图 2-20 所示。单击"✔"按钮，拉伸完成。

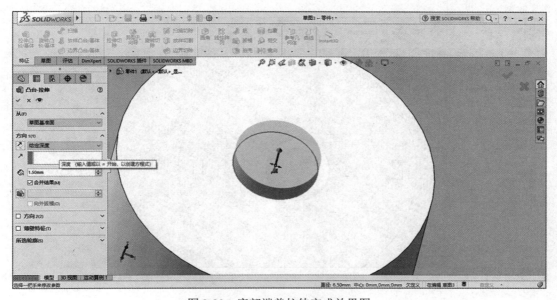

图 2-20　底部端盖拉伸完成效果图

在"特征"选项卡中，单击"圆角"按钮，对底部端盖进行倒圆角，圆角半径：1.00mm，按"Enter"键，如图 2-21 所示。单击"✔"按钮，倒圆角完成。

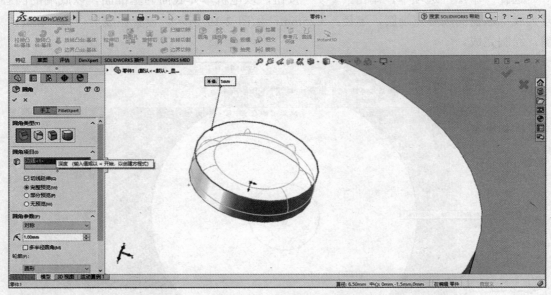

图 2-21　底部端盖倒圆角效果图

3. 电机引脚

选择"草图"选项卡，单击"▭"按钮，以电机本体底面为基准面，在左右两侧各绘制一个 2.00mm*1.00mm 的矩形（中心点离边缘 2.00mm），如图 2-22 所示。设置完成后，按"Enter"键，绘制完成。

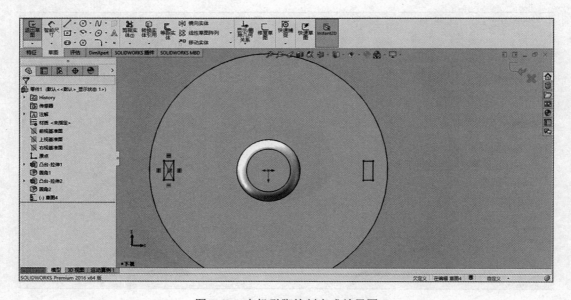

图 2-22　电机引脚绘制完成效果图

选择"特征"选项卡,单击"拉伸凸台/基体"按钮,左侧出现"参数"列表,输入拉伸的高度:4.00mm,按"Enter"键,如图 2-23 所示。单击"✔"按钮,拉伸完成。

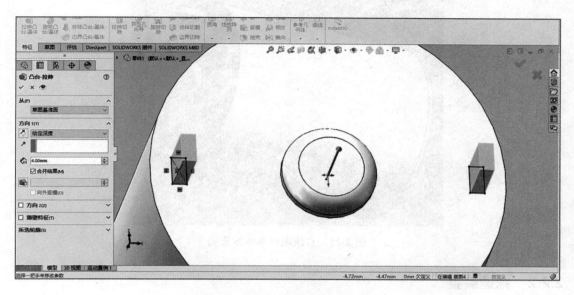

图 2-23　电机引脚拉伸完成效果图

在"特征"选项卡中,单击"圆角"按钮,对电机引脚进行倒圆角,圆角半径:0.20mm,按"Enter"键,如图 2-24 所示。单击"✔"按钮,倒圆角完成。

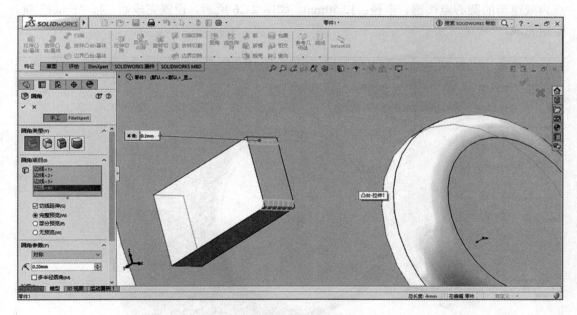

图 2-24　电机引脚倒圆角效果图

直流电机本体建模完成后的本体效果图，如图 2-25 所示。

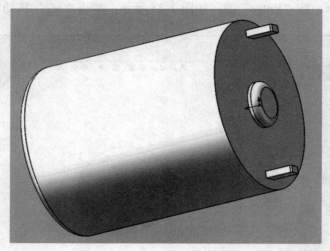

图 2-25　直流电机本体效果图

2.2.2　减速装置

1.　减速箱

选择"草图"选项卡，单击"⊙"按钮，以电机本体顶面为基准面，以顶面的圆心点为减速箱的圆心点画圆，半径：12.50mm，如图 2-26 所示。设置完成后，按"Enter"键，绘制完成。

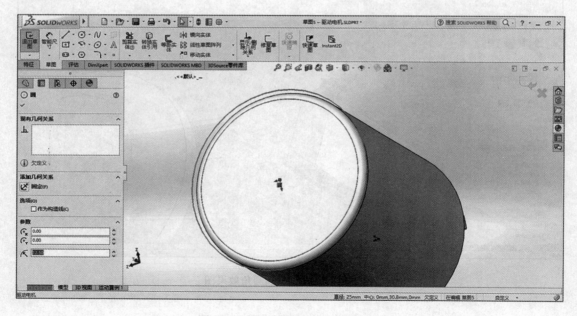

图 2-26　减速箱圆绘制完成效果图

选择"特征"选项卡,单击"拉伸凸台/基体"按钮,左侧出现"参数"列表,输入拉伸的高度:25.00mm,按"Enter"键,如图 2-27 所示。单击"✔"按钮,拉伸完成。

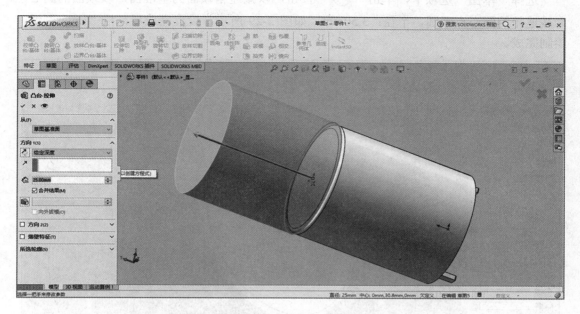

图 2-27 减速箱拉伸完成效果图

在"特征"选项卡中,单击"圆角"按钮,对减速箱上沿进行倒圆角,圆角半径:1.00mm,按"Enter"键,如图 2-28 所示。单击"✔"按钮,倒圆角完成。

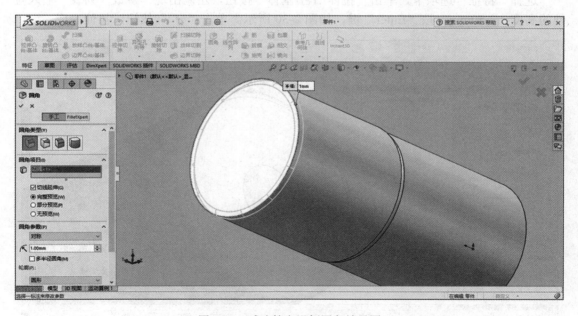

图 2-28 减速箱上沿倒圆角效果图

2. 电机转轴套

选择"草图"选项卡，单击"⊙"按钮，以减速箱顶面为基准面，以顶面的圆心点为减速箱的圆心点画圆，半径：3.50mm，如图 2-29 所示。设置完成后，按"Enter"键，绘制完成。

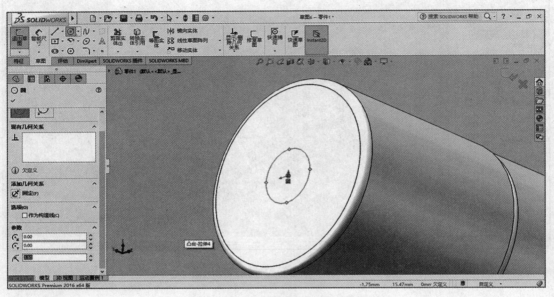

图 2-29　转轴套圆绘制完成效果图

选择"特征"选项卡，单击"拉伸凸台/基体"按钮，左侧出现"参数"列表，输入拉伸的高度：2.50mm，按"Enter"键，如图 2-30 所示。单击"✔"按钮，拉伸完成。

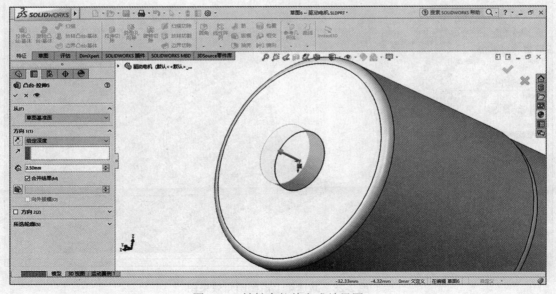

图 2-30　转轴套拉伸完成效果图

2.2.3　电机转轴

选择"草图"选项卡，单击"⊙"按钮，以电机转轴套顶面为基准面，以顶面的圆心点为电机转轴的圆心点画圆，半径：2.00mm，如图 2-31 所示。设置完成后，按"Enter"键，绘制完成。

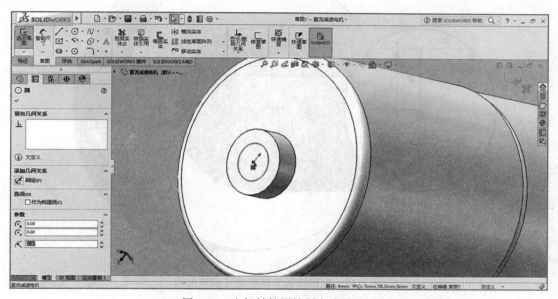

图 2-31　电机转轴圆绘制完成效果图

选择"特征"选项卡，单击"拉伸凸台/基体"按钮，左侧出现"参数"列表，输入拉伸的高度：9.00mm，按"Enter"键，如图 2-32 所示。单击"✔"按钮，拉伸完成。

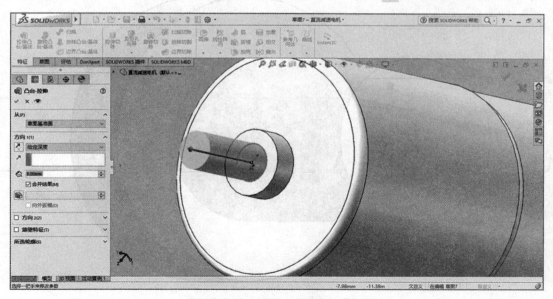

图 2-32　电机转轴拉伸完成效果图

选择"草图"选项卡,单击"⊙"按钮,以电机转轴顶面为基准面,以顶面的圆心点为圆心点画圆,半径:2.00mm,然后以圆心点偏移1.50mm画一条直线,如图2-33所示。

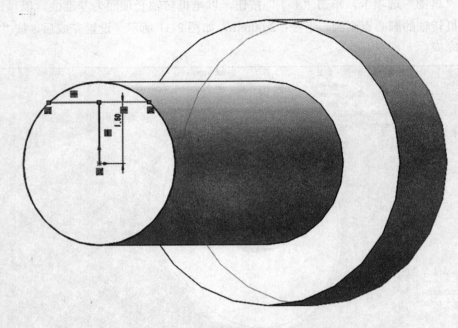

图2-33 电机转轴平削绘制完成效果图

在"草图"选项卡中,单击"剪裁实体"按钮,将下方的大半圆剪裁去除,如图2-34所示。

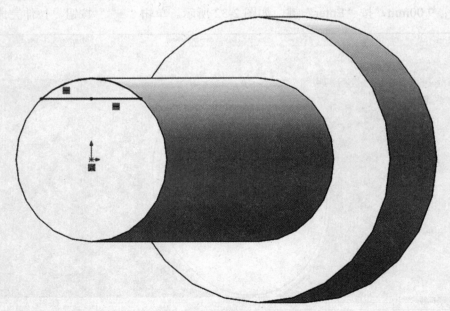

图2-34 剪裁实体完成效果图

选择"特征"选项卡，单击"拉伸切除"按钮，左侧出现"参数"列表，输入拉伸切除的深度：8.00mm，按"Enter"键，如图 2-35 所示。单击"✔"按钮，拉伸切除完成。

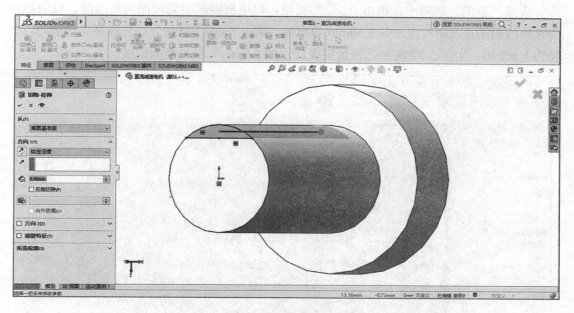

图 2-35　拉伸切除完成效果图

在"特征"选项卡中，单击"圆角"按钮，对电机转轴上沿进行倒圆角，圆角半径：0.50mm，按"Enter"键，如图 2-36 所示。单击"✔"按钮，倒圆角完成。

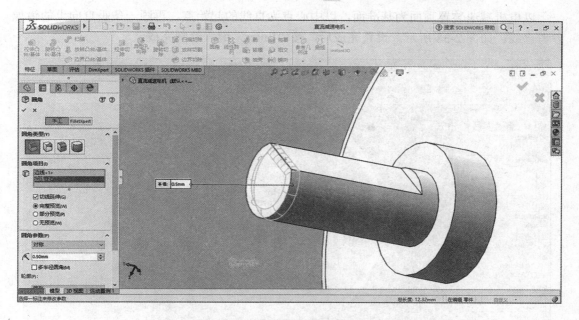

图 2-36　减速箱上沿倒圆角效果图

2.2.4 定位安装孔

选择"草图"选项卡,单击"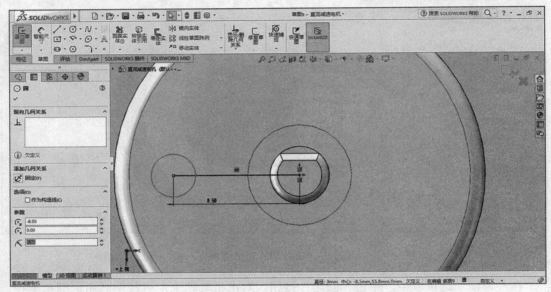"按钮,以电机减速装置顶面为基准面,以中心点为直线的起始点,向左画一条 8.50mm 的直线,单击"⊙"按钮,以直线终点为圆心,半径为 1.50mm,如图 2-37 所示。设置完成后,按"Enter"键,绘制完成。

图 2-37　安装孔绘制完成效果图

以电机减速装置顶面为基准面,以中心点为直线的起始点,再画一条垂直向上的镜像参考直线,如图 2-38 所示。设置完成后,按"Enter"键,绘制完成。

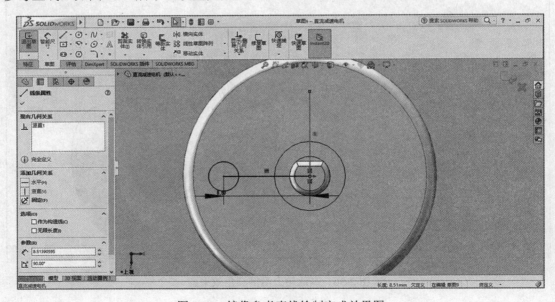

图 2-38　镜像参考直线绘制完成效果图

单击"镜向实体"按钮，在左侧"参数"列表中，"要镜向的实体"选择已绘制好的圆，"镜向点"选择已绘制好的镜向参考直线，右侧镜向画出与左侧一样的圆，如图 2-39 所示。单击"✔"按钮，镜向完成，删除镜向参考直线。

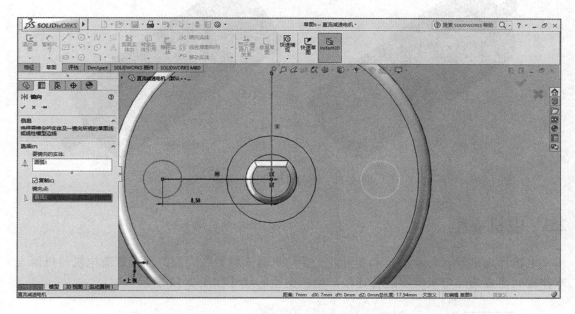

图 2-39　两个安装孔镜向圆绘制完成效果图

选择"特征"选项卡，单击"拉伸切除"按钮，左侧出现"参数"列表，输入拉伸切除的深度：8.00mm，按"Enter"键，如图 2-40 所示。单击"✔"按钮，拉伸切除完成。

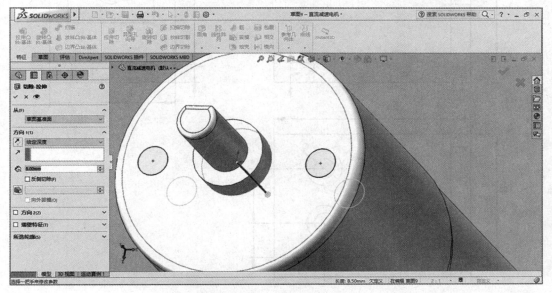

图 2-40　安装孔拉伸切除完成效果图

至此，驱动电机三维建模全部完成，整体效果如图 2-41 所示。

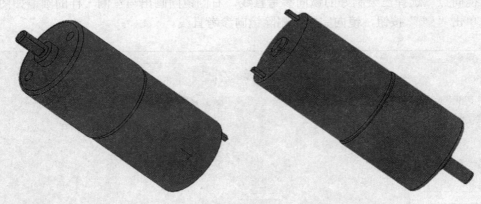

图 2-41　驱动电机整体效果图

2.3　电机支座

电机作为机器人移动的驱动装置，必须与机器人组装在一起，因此直流电机与机器人本体之间需要通过电机支座进行连接，电机支座的尺寸如图 2-42 所示。

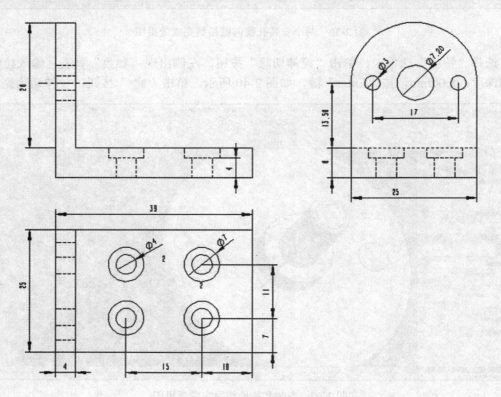

图 2-42　电机支座的尺寸

单击"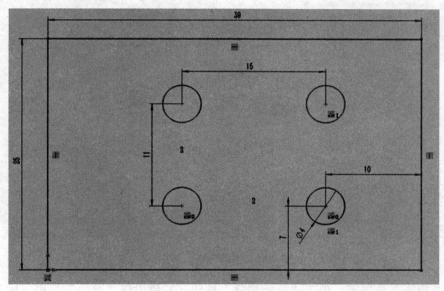"按钮，在"新建 SOLIDWORKS 文件"对话框中单击"　"（零部件）按钮，单击"确定"按钮，完成零部件建模的新建。单击"　"按钮，输入文件名：电机支座，选择保存路径后，单击"保存"按钮。

选择"草图"选项卡，单击"草图绘制"按钮，选择"上视基准面"为绘制基准面。绘制如图 2-43 所示的草图。

图 2-43　电机支座固定面草图

选择"特征"选项卡，单击"拉伸凸台/基体"按钮，左侧出现"参数"列表，输入拉伸的高度：6.00mm，按"Enter"键，如图 2-44 所示。单击"　"按钮，拉伸完成。

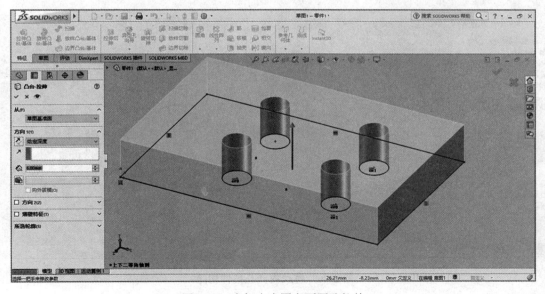

图 2-44　电机支座固定面圆孔拉伸

选择"草图"选项卡，单击"草图绘制"按钮，以拉伸完成顶面为绘制基准面。绘制如图 2-45 所示 4 个"圆"（四圆孔外的大圆）的草图，直径为 7.00mm。

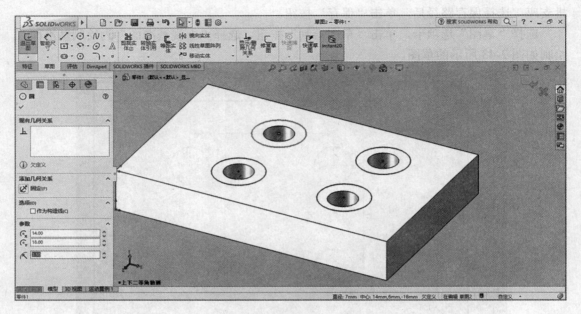

图 2-45　螺丝内嵌孔草图

选择"特征"选项卡，单击"拉伸切除"按钮，左侧出现"参数"列表，输入切除的深度：2.00mm，按"Enter"键，如图 2-46 所示。单击"✔"按钮，拉伸切除完成。

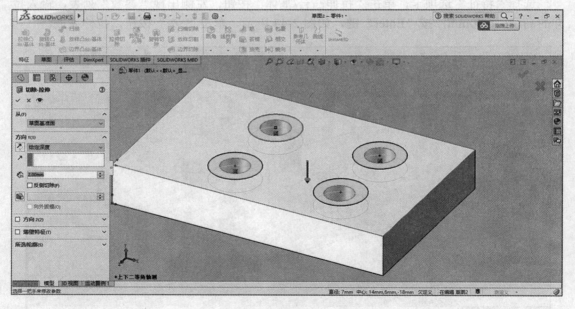

图 2-46　螺丝内嵌孔拉伸切除

选择"草图"选项卡，单击"草图绘制"按钮，支座固定面拉伸完成的左侧面为绘制基准面。绘制如图 2-47 所示的草图。

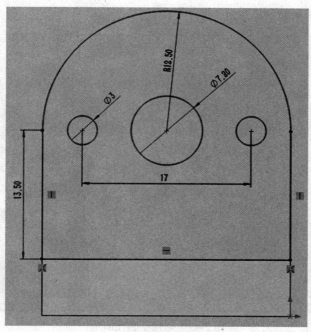

图 2-47　电机固定面草图

选择"特征"选项卡，单击"拉伸凸台/基体"按钮，左侧出现"参数"列表，输入拉伸的高度：4.00mm，按"Enter"键，如图 2-48 所示。单击"✔"按钮，拉伸完成。

图 2-48　电机固定面拉伸

在"特征"选项卡中选择"倒角"选项，左侧出现"参数"列表，倒角对象""为两个螺丝安装孔，距离""为1.00mm，角度""为45.00°，如图2-49所示。单击""按钮，倒角完成。

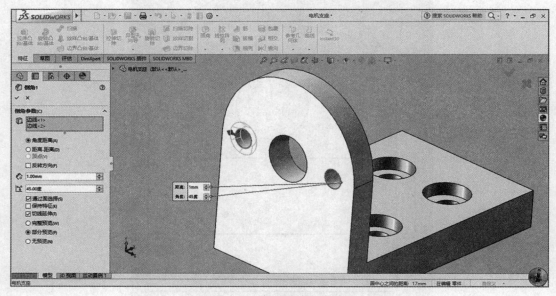

图 2-49　螺丝安装孔倒角

至此，电机支座三维建模全部完成，整体效果如图2-50所示。

图 2-50　电机支座整体效果图

2.4　轮毂与轮胎

直流电机的驱动机器人进行移动，最简单的是在直流电机转轴上安装轮毂。为了减小震动和加大摩擦，在轮毂外面安装轮胎，轮毂和轮胎的尺寸如图2-51和图2-52所示。

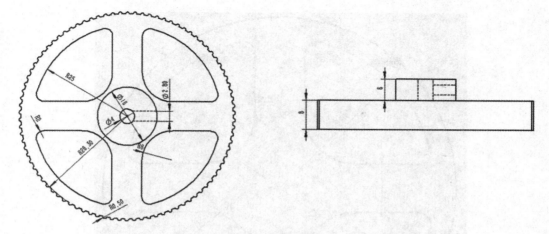

图 2-51　轮毂尺寸图

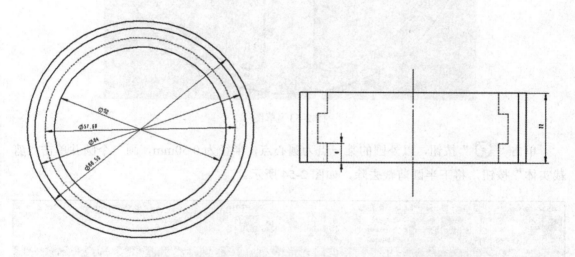

图 2-52　轮胎尺寸图

2.4.1　轮毂

　　单击"📄"按钮，在"新建 SOLIDWORKS 文件"对话框中单击"🖐"（零部件）按钮，单击"确定"按钮，完成零部件建模的新建。单击"💾"按钮，输入文件名：轮毂，选择保存路径，单击"保存"按钮。

　　选择"草图"选项卡，单击"草图绘制"按钮，选择"上视基准面"为绘制基准面。绘制如图 2-53 所示的草图。

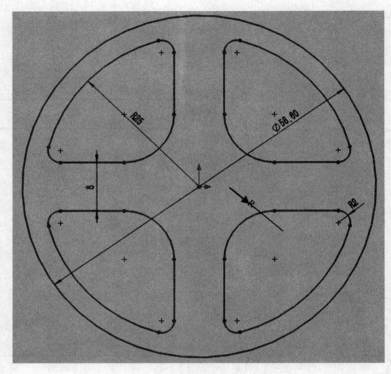

图 2-53　草图

单击 "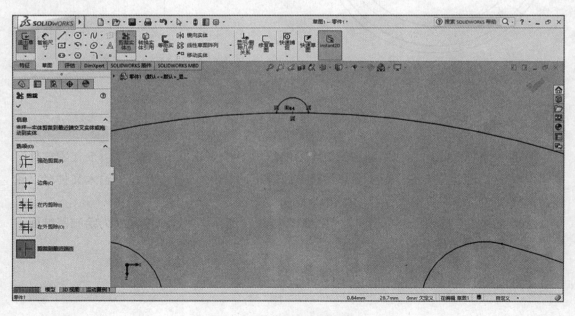" 按钮，以外圆的某一点为圆心点，半径为 0.50mm，画一个圆并单击 "剪裁实体" 按钮，将下半圆剪裁去除，如图 2-54 所示。

图 2-54　剪裁去除半圆的实体

单击"圆周草图阵列"按钮，左侧出现"参数"列表，要复制成阵列的实体" " 为剪裁完成的半圆，中心点" " " "选择大圆的圆心点，间距" "为 360.00°，实例数为 90，单击" "按钮，完成阵列复制。

单击"剪裁实体"按钮，将半圆与大圆的连接线进行剪裁，如图 2-55 所示。

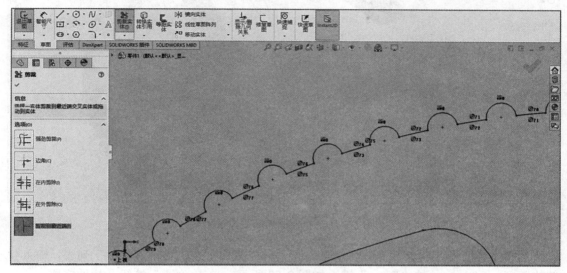

图 2-55　剪裁实体

选择"特征"选项卡，单击"拉伸凸台/基体"按钮，左侧出现"参数"列表，输入拉伸的高度：8.00mm，按"Enter"键，如图 2-56 所示。单击" "按钮，拉伸完成。

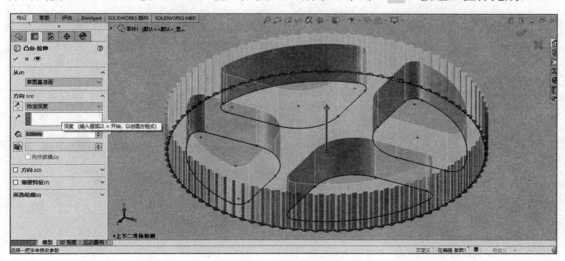

图 2-56　轮毂底面拉伸

选择"草图"选项卡，单击" "按钮，以轮毂顶面为基准面，以顶面的圆心点为连接座的圆心点画一个较小的圆，半径：8.00mm，如图 2-57 所示。设置完成后，按"Enter"键，绘制完成。

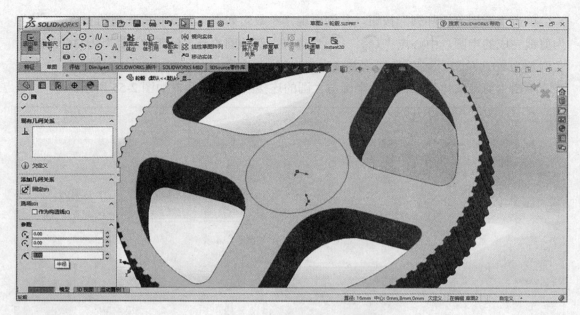

图 2-57　连接座圆绘制完成效果图

选择"特征"选项卡，单击"拉伸凸台/基体"按钮，左侧出现"参数"列表，输入拉伸的高度：6.00mm，按"Enter"键，如图 2-58 所示。单击"✔"按钮，拉伸完成。

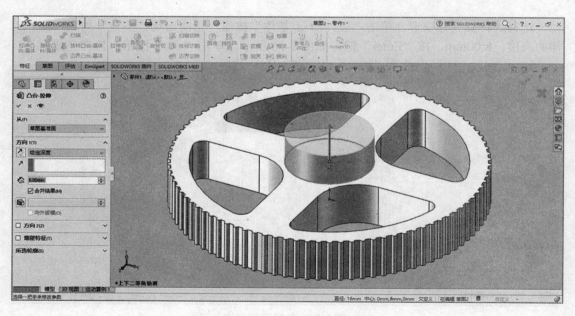

图 2-58　连接座拉伸完成效果图

选择"草图"选项卡，单击"⊙"按钮，以连接座顶面为基准面，以顶面的圆心点为圆心点画更小的圆，半径：2.00mm，然后以圆心点偏移 1.50mm 画一条直线，并将小半圆剪裁去除，如图 2-59 所示。设置完成后，按"Enter"键，绘制完成。

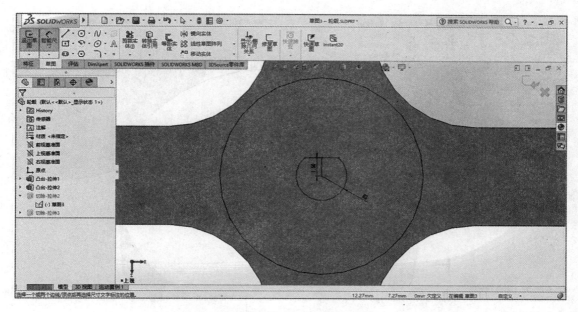

图 2-59　安装孔圆绘制完成效果图

选择"特征"选项卡，单击"拉伸切除"按钮，左侧出现"参数"列表，输入拉伸切除的深度：14.00mm，按"Enter"键，如图 2-60 所示。单击"✔"按钮，拉伸切除完成。

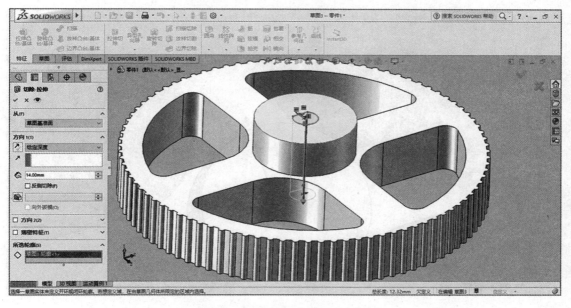

图 2-60　拉伸切除完成效果图

选择"草图"选项卡，单击"⊙"按钮，以安装孔平面为基准面，以上沿中心点为圆心点画圆，半径：1.40mm，然后删除圆心点几何关系，再单击"移动实体"按钮，整体向下移动 3.00mm，如图 2-61 所示。设置完成后，按"Enter"键，绘制完成。

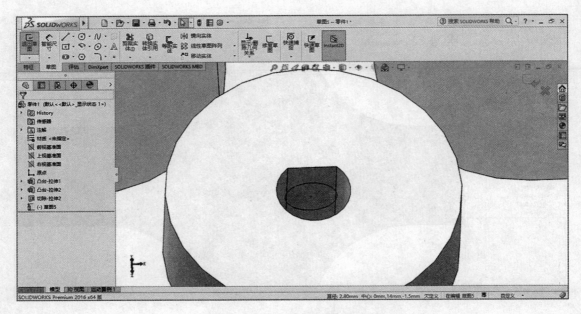

图 2-61　固定孔圆绘制完成效果图

　　选择"特征"选项卡，单击"拉伸切除"按钮，左侧出现"参数"列表，输入拉伸切除的深度：7.00mm，按"Enter"键，如图 2-62 所示。单击"✔"按钮，拉伸切除完成。

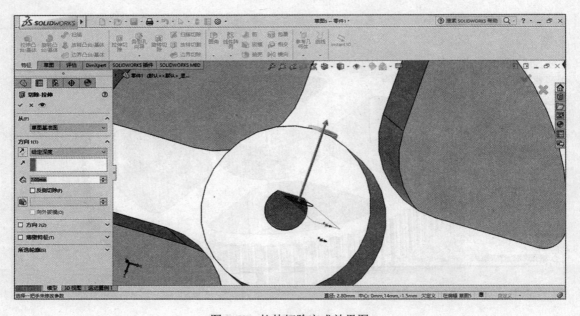

图 2-62　拉伸切除完成效果图

　　至此，轮毂三维建模全部完成，整体效果如图 2-63 所示。

图 2-63　轮毂整体效果图

2.4.2　轮胎

单击"📄"按钮，在"新建 SOLIDWORKS 文件"对话框中单击"🐸"（零部件）按钮，单击"确定"按钮，完成零部件建模的新建。单击"💾"按钮，输入文件名：轮胎，选择保存路径，单击"保存"按钮。

选择"草图"选项卡，单击"草图绘制"按钮，选择"上视基准面"为绘制基准面，绘制如图 2-64 所示的草图。

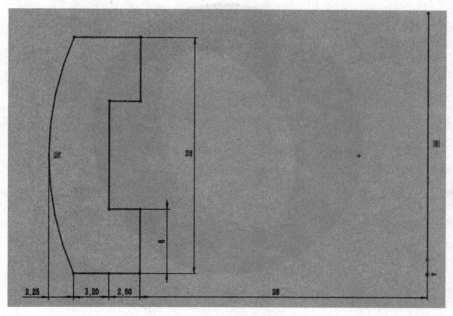

图 2-64　轮胎草图

选择"特征"选项卡，单击"旋转凸台/基体"按钮，左侧出现"参数"列表，旋转轴"/"为中轴线，角度"⬆"为 360.00°，厚度"⬅"为 0.01mm，所选轮廓"◇"为绘制的草图，如图 2-65 所示。单击"✔"按钮，旋转完成。

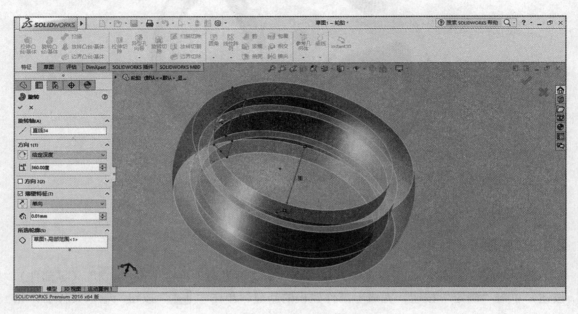

图 2-65　轮胎旋转

至此，轮胎三维建模全部完成，整体效果如图 2-66 所示。

图 2-66　轮胎整体效果图

2.5　万向轮

　　要使机器人能够稳定在一个平面，除了需要两个驱动轮之外，至少需要一个支撑轮，本节的机器人采用万向轮实现支撑轮的功能，既保证了机器人的稳定性，也使机器人在移动时方向控制更加灵活。万向轮的尺寸如图 2-67 所示。

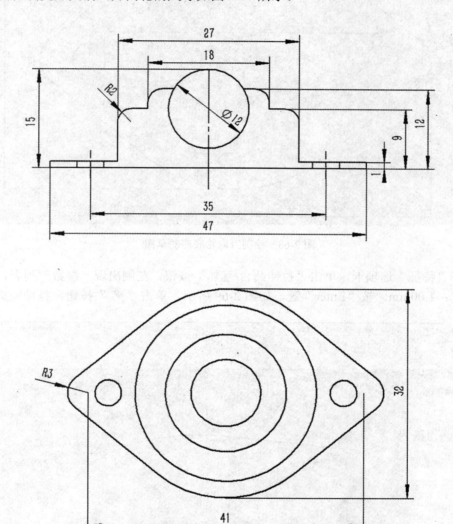

图 2-67　万向轮的尺寸图

　　单击"📄"按钮，在"新建 SOLIDWORKS 文件"对话框中单击"🐥"（零部件）按钮，单击"确定"按钮，完成零部件建模的新建。单击"💾"按钮，输入文件名：万向轮，选择保存路径，单击"保存"按钮。

　　选择"草图"选项卡，单击"草图绘制"按钮，选择"上视基准面"为绘制基准面。

绘制如图 2-68 所示的草图。

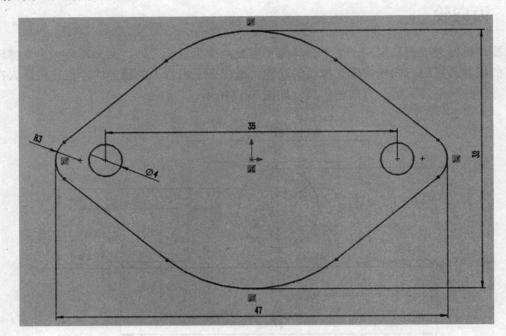

图 2-68　绘制万向轮底座的草图

选择"特征"选项卡，单击"拉伸凸台/基体"按钮，左侧出现"参数"列表，输入拉伸的高度：1.00mm，按"Enter"键，如图 2-69 所示。单击"✔"按钮，拉伸完成。

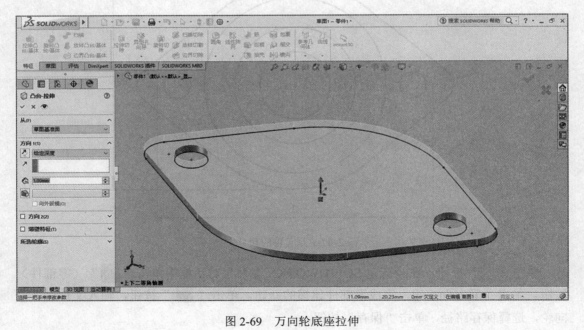

图 2-69　万向轮底座拉伸

选择"草图"选项卡,单击"⊙"按钮,以万向轮底座顶面为基准面,以顶面的圆心点为连接座的圆心点画圆,半径:13.50mm,如图 2-70 所示。设置完成后,按"Enter"键,绘制完成。

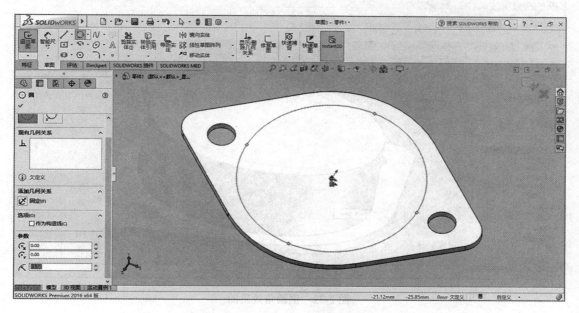

图 2-70 圆绘制完成效果图

选择"特征"选项卡,单击"拉伸凸台/基体"按钮,左侧出现"参数"列表,输入拉伸的高度:8.00mm,按"Enter"键,如图 2-71 所示。单击"✔"按钮,拉伸完成。

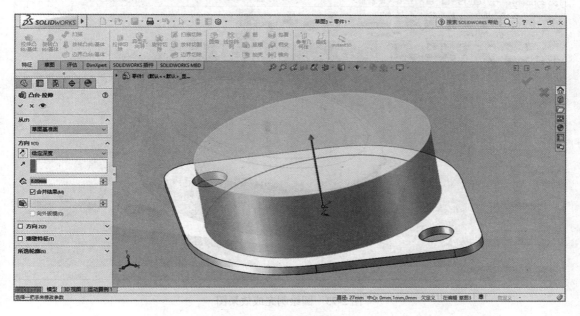

图 2-71 拉伸完成效果图

在"特征"选项卡中单击"圆角"按钮，对上沿进行倒圆角，圆角半径：2.00mm，按"Enter"键，如图 2-72 所示。单击"✔"按钮，倒圆角完成。

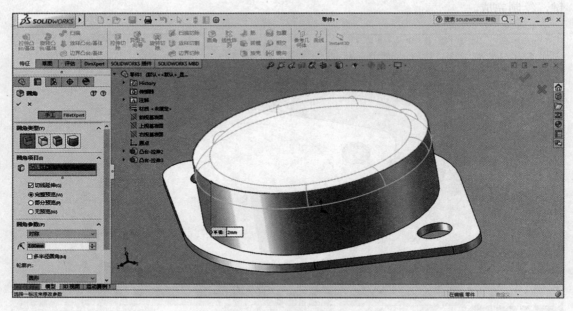

图 2-72　倒圆角效果图

选择"草图"选项卡，单击"⊙"按钮，以顶面为基准面，以顶面的圆心点为连接座的圆心点画圆，半径：9.00mm，如图 2-73 所示。设置完成后，按"Enter"键，绘制完成。

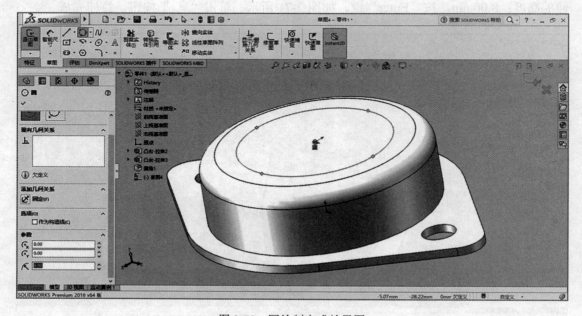

图 2-73　圆绘制完成效果图

选择"特征"选项卡，单击"拉伸凸台/基体"按钮，左侧出现"参数"列表，输入拉伸的高度：3.00mm，按"Enter"键，如图 2-74 所示。单击"✔"按钮，拉伸完成。

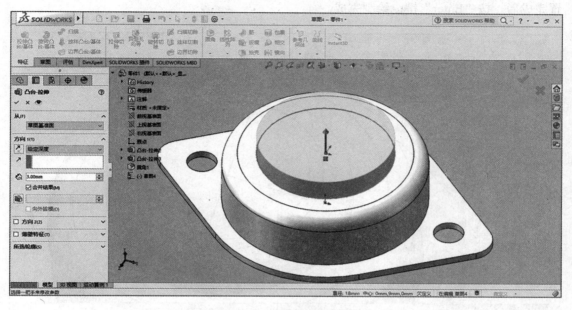

图 2-74　拉伸完成效果图

在"特征"选项卡中单击"圆角"按钮，对上沿进行倒圆角，圆角半径：2.00mm，按"Enter"键，如图 2-75 所示。单击"✔"按钮，倒圆角完成。

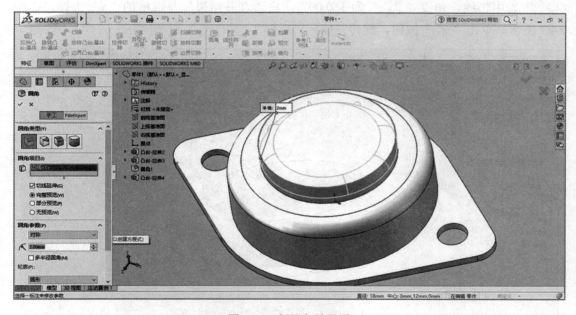

图 2-75　倒圆角效果图

选择"草图"选项卡,单击"⊙"按钮,以顶面为基准面,以顶面的圆心点为连接座的圆心点画圆,半径:6.00mm,单击"剪裁实体"按钮得到半圆,如图 2-76 所示。设置完成后,按"Enter"键,绘制完成。

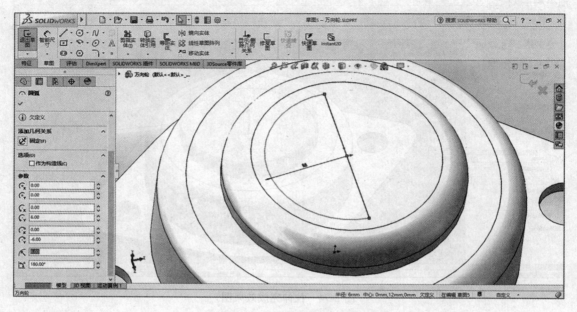

图 2-76　在上方小圆的中心绘制半圆的草图

选择"特征"选项卡,单击"旋转凸台/基体"按钮,左侧出现"参数"列表,旋转轴"／"为中轴线,角度"↗₁"为 360.00°,将"合并结果"复选框的"√"去掉,如图 2-77 所示。单击"✔"按钮,旋转完成。

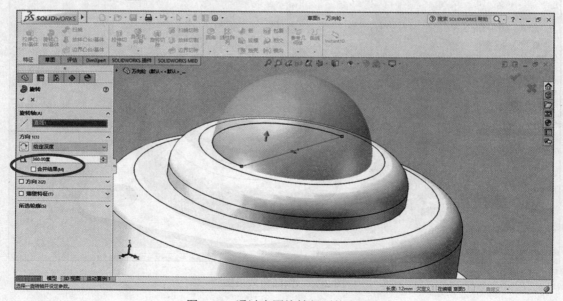

图 2-77　通过半圆旋转得到的半圆体

选中旋转完成的球体，单击鼠标右键，在弹出的快捷菜单中选择"面：移动"选项，出现三维移动坐标轴，如图 2-78 所示。

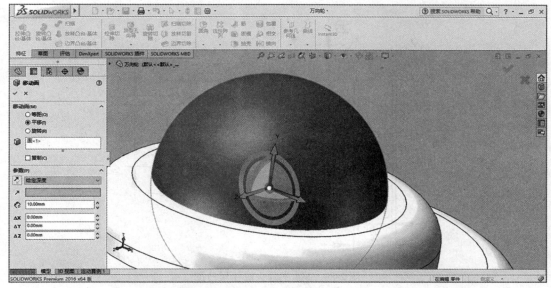

图 2-78　实体移动

沿着 Y 坐标向下移动 3.00mm，可通过左侧"参数"列表中的"**ΔY**"直接设置移动距离：−3.00mm，单击"✔"按钮完成。

至此，万向轮三维建模全部完成，整体效果如图 2-79 所示。

图 2-79　万向轮整体效果图

2.6　螺栓与螺母

对于各个零部件、模块之间的安装，许多时间需要螺栓、螺母进行固定，以实现牢固的配接。本机器人所使用的是 M4 的半圆头螺栓及配套的 M4 螺母（螺距为 0.70mm）、M3 的沉头螺栓（螺距为 0.50mm），它们的尺寸如图 2-80、图 2-81 和图 2-82 所示。

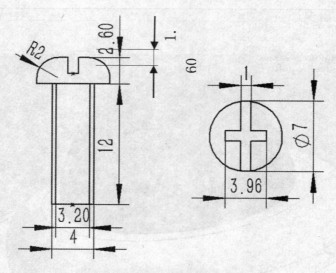

图 2-80　M4 半圆头螺栓尺寸图

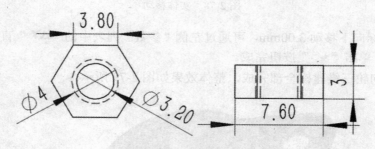

图 2-81　M4 螺母尺寸图

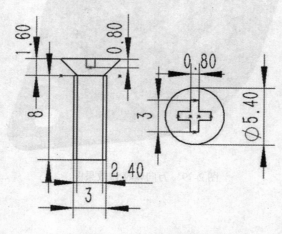

图 2-82　M3 沉头螺栓尺寸图

2.6.1　M4 半圆头螺栓

单击"📄"按钮，在"新建 SOLIDWORKS 文件"对话框中单击"🧊"（零部件）按钮，单击"确定"按钮，完成零部件建模的新建。单击"💾"按钮，输入文件名：螺栓 M4-12，选择保存路径，单击"保存"按钮。

选择"草图"选项卡，单击"⊙"按钮，选择"上视基准面"为绘制基准面，以原点为圆心点画圆，半径：3.50mm，如图 2-83 所示。设置完成后，按"Enter"键，绘制完成。

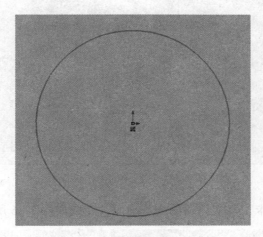

图 2-83　绘制螺栓基础圆的草图

选择"特征"选项卡，单击"拉伸凸台/基体"按钮，左侧出现"参数"列表，输入拉伸的高度：2.60mm，按"Enter"键，如图 2-84 所示。单击"✔"按钮，拉伸完成。

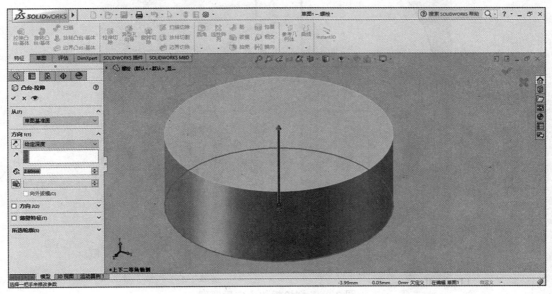

图 2-84　拉伸完成的效果图

在"特征"选项卡中单击"圆角"按钮，对上沿进行倒圆角，圆角半径：2.00mm，按"Enter"键，如图 2-85 所示。单击"✔"按钮，倒圆角完成。

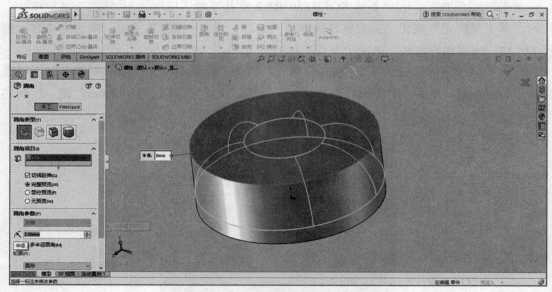

图 2-85　倒圆角的操作过程

选择"草图"选项卡，以实体顶面为基准面，完成如图 2-86 所示的草图绘制。

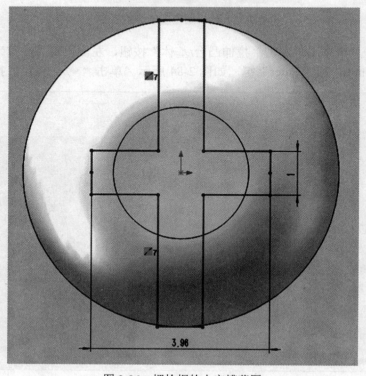

图 2-86　螺栓帽的十字槽草图

选择"特征"选项卡，单击"拉伸切除"按钮，左侧出现"参数"列表，输入拉伸切除的深度：1.60mm，按"Enter"键，如图 2-87 所示。单击"✔"按钮，拉伸切除完成。

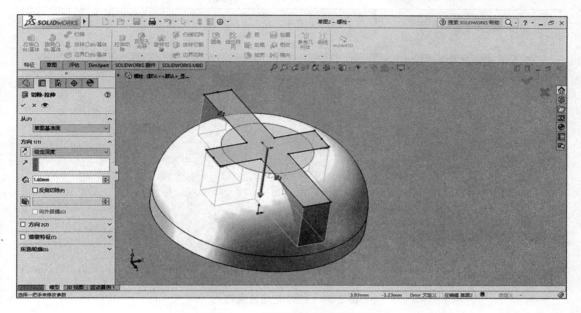

图 2-87　拉伸切除后的效果图

螺栓帽建模完成后，选择"草图"选项卡，单击"⊙"按钮，以螺栓帽底面为基准面，以中心点为圆心点画圆，半径：2.00mm，如图 2-88 所示。设置完成后，按"Enter"键，绘制完成。

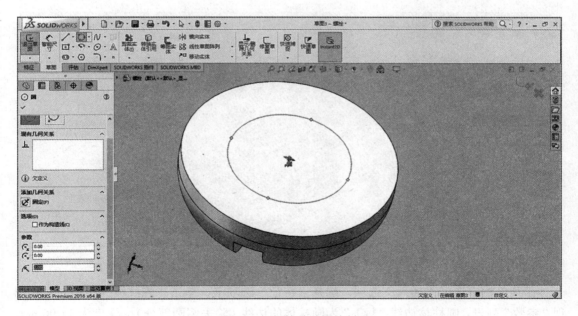

图 2-88　螺栓基础圆绘制

选择"特征"选项卡，单击"拉伸凸台/基体"按钮，左侧出现"参数"列表，输入拉伸的高度：12.00mm，按"Enter"键，如图2-89所示。单击"✔"按钮，拉伸完成。

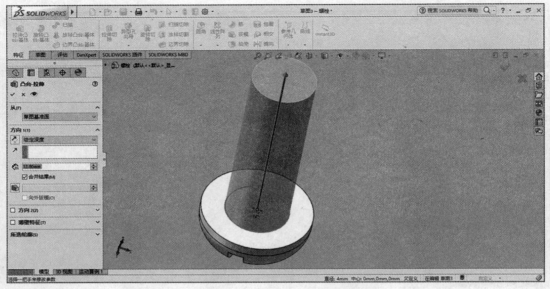

图2-89　拉伸完成效果图

在"特征"选项卡中单击"圆角"按钮，对螺栓进行倒圆角，圆角半径：0.50mm，按"Enter"键，如图2-90所示。单击"✔"按钮，倒圆角完成。

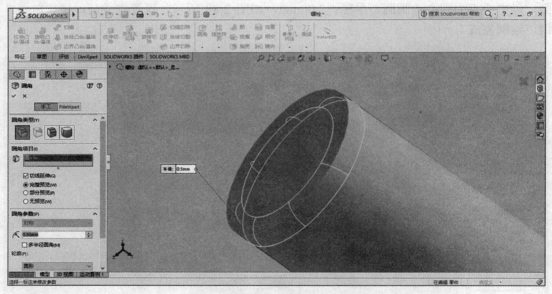

图2-90　螺栓上沿倒圆角效果图

在菜单栏中选择"插入"选项，选择"特征"选项卡，单击"螺纹线"按钮，左侧出现"参数"列表，圆柱体边线"⬭"为圆柱体的边线（除去倒圆部分），深度为11.00mm，类型选择 Metric Die（公制模具），尺寸：M4×0.70，螺纹线方法：剪切螺纹线，如图 2-91 所示。单击"✔"按钮，剪切螺纹线完成。

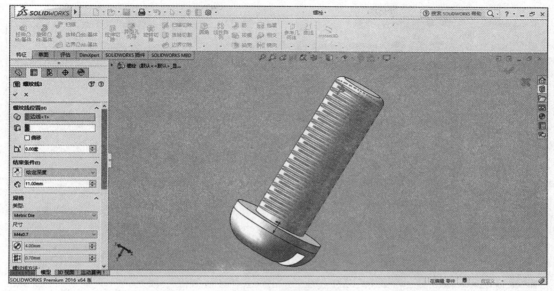

图 2-91 螺纹线

至此，M4 半圆头螺栓三维建模全部完成，整体效果如图 2-92 所示。

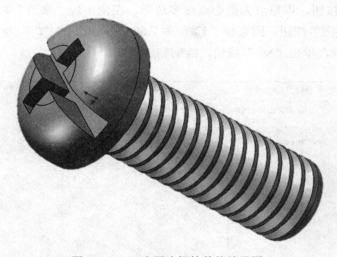

图 2-92 M4 半圆头螺栓整体效果图

2.6.2 M4 螺母

单击"📄"按钮，在"新建 SOLIDWORKS 文件"对话框中单击"🔩"（零部件）按钮，单击"确定"按钮，完成零部件建模的新建。单击"💾"按钮，输入文件名：M4 螺母，选择保存路径，单击"保存"按钮。

选择"草图"选项卡，单击"⊙"按钮，选择"上视基准面"为绘制基准面，以原点为圆心点画圆，半径：2.00mm，如图2-93所示。单击"✔"按钮，绘制完成。

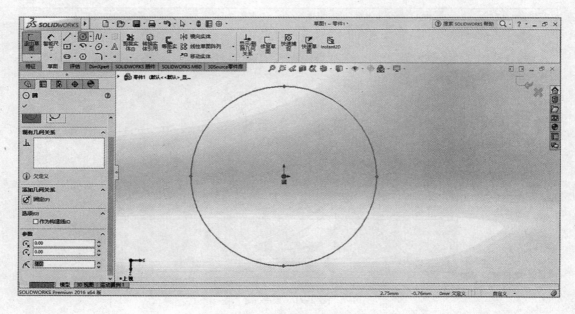

图2-93　圆绘制完成效果图

单击"⬡"按钮，以原点为圆心点画多边形，左侧出现"参数"列表，边数"⊕"为6，单击"外接圆"按钮，圆直径"⬡"为7.60mm，角度"↘"为0.00°，如图2-94所示。删除外接圆，单击"✔"按钮，绘制完成。

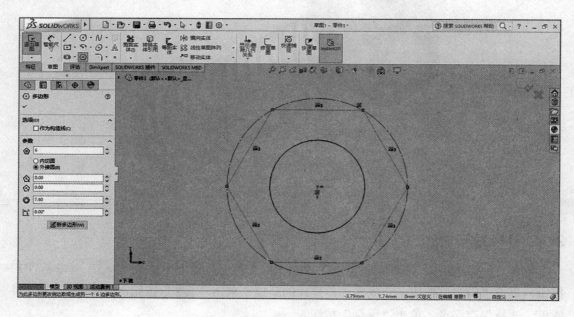

图2-94　六边形绘制完成效果图

选择"特征"选项卡，单击"拉伸凸台/基体"按钮，左侧出现"参数"列表，输入拉伸的高度：3.00mm，按"Enter"键，如图 2-95 所示。单击"✔"按钮，拉伸完成。

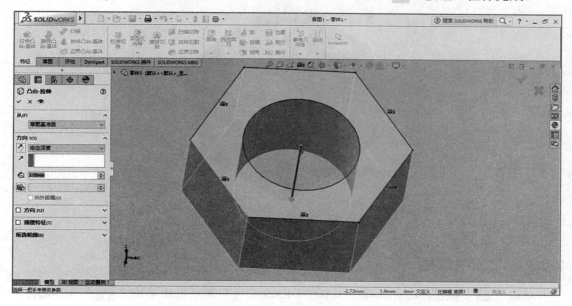

图 2-95　拉伸完成效果图

在菜单栏中选择"插入"选项，选择"特征"选项卡，单击"螺纹线"按钮，左侧出现"参数"列表，圆柱体边线"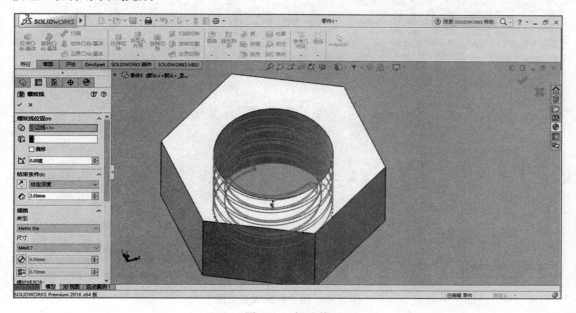"为内孔的边线，深度为 2.50mm，类型选择 Metric Die（公制模具），尺寸：M4×0.70，螺纹线方法：拉伸螺纹线，如图 2-96 所示。单击"✔"按钮，拉伸螺纹线完成。

图 2-96　螺纹线

至此，M4 螺栓三维建模全部完成，整体效果如图 2-97 所示。

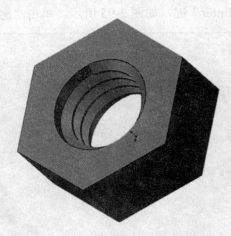

图 2-97　M4 螺栓整体效果图

2.6.3　M3 沉头螺栓

单击"📄"按钮，在"新建 SOLIDWORKS 文件"对话框中单击"🧩"（零部件）按钮，单击"确定"按钮，完成零部件建模的新建。单击"💾"按钮，输入文件名：螺栓 M3-8，选择保存路径，单击"保存"按钮。

选择"草图"选项卡，单击"⊙"按钮，选择"上视基准面"为绘制基准面，以原点为圆心点画圆，半径：2.70mm，如图 2-98 所示。设置完成后，按"Enter"键，绘制完成。

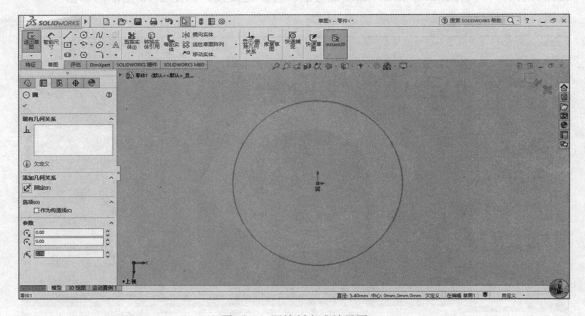

图 2-98　圆绘制完成效果图

选择"特征"选项卡，单击"拉伸凸台/基体"按钮，左侧出现"参数"列表，输入拉伸的高度：1.60mm，按"Enter"键，如图 2-99 所示。单击"✔"按钮，拉伸完成。

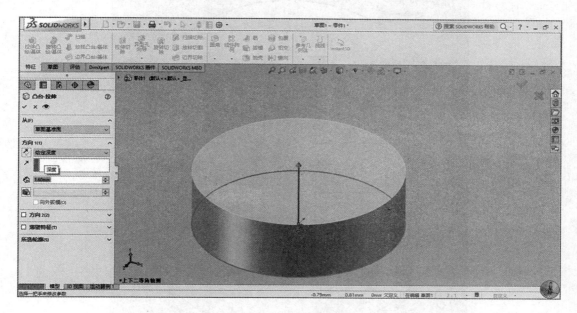

图 2-99　拉伸完成效果图

在"特征"选项卡中，单击"倒角"按钮，对上沿进行倒角，倒角距离"⬡"为 1.50mm，倒角角度"∠ᴬ"为 45.00°，按"Enter"键，如图 2-100 所示。单击"✔"按钮，倒角完成。

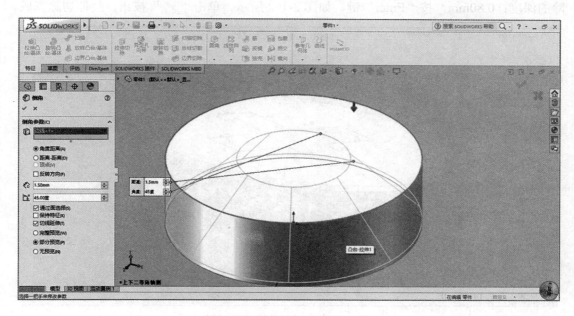

图 2-100　倒角效果图

选择"草图"选项卡，以实体底面为基准面，完成如图 2-101 所示的草图绘制。

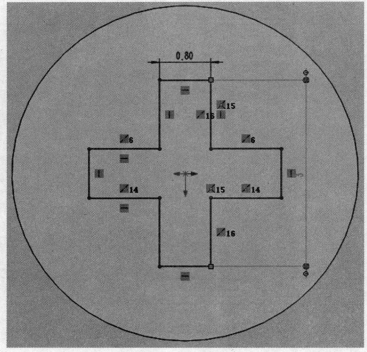

图 2-101　草图

选择"特征"选项卡，单击"拉伸切除"按钮，左侧出现"参数"列表，输入拉伸切除的深度：0.80mm，按"Enter"键，如图 2-102 所示。单击"✔"按钮，拉伸切除完成。

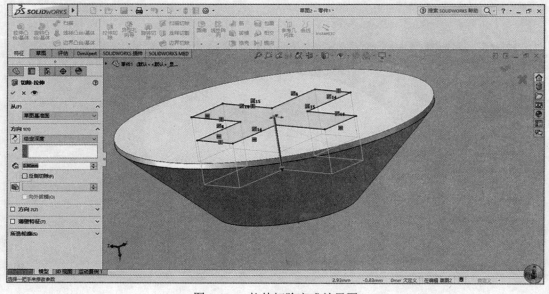

图 2-102　拉伸切除完成效果图

螺栓帽建模完成后，选择"草图"选项卡，单击"⊙"按钮，以螺栓帽底面为基准面，以中心点为圆心点画圆，半径：1.50mm，如图 2-103 所示。设置完成后，按"Enter"键，绘制完成。

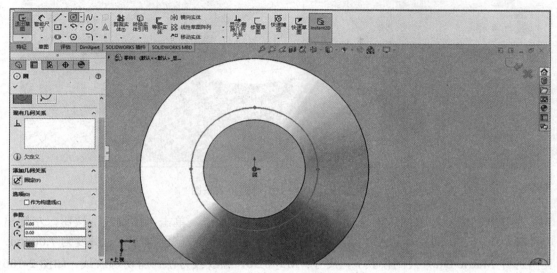

图 2-103　圆绘制完成效果图

选择"特征"选项卡，单击"拉伸凸台/基体"按钮，左侧出现"参数"列表，输入拉伸的高度：8.00mm，按"Enter"键，如图 2-104 所示。单击"✔"按钮，拉伸完成。

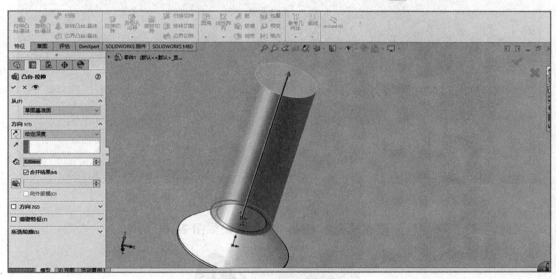

图 2-104　拉伸完成效果图

在"特征"选项卡中，单击"圆角"按钮，对螺栓进行倒圆角，圆角半径：0.50mm，按"Enter"键，如图 2-105 所示。单击"✔"按钮，倒圆角完成。

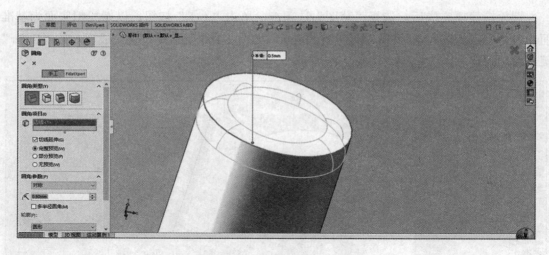

图 2-105　螺栓上沿倒圆角效果图

在菜单栏中选择"插入"选项，选择"特征"选项卡，单击"螺纹线"按钮，左侧出现"参数"列表，圆柱体边线""为圆柱体的边线（除去倒圆部分），深度为 7.00mm，类型选择 Metric Die（公制模具），尺寸：M3×0.50，螺纹线方法：剪切螺纹线，如图 2-106 所示。单击"✔"按钮，剪切螺纹线完成。

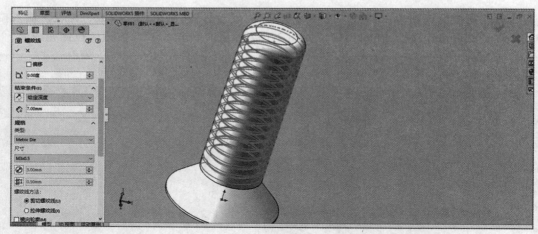

图 2-106　螺纹线

至此，M3 沉头螺栓三维建模全部完成，整体效果如图 2-107 所示。

图 2-107　M3 沉头螺栓整体效果图

2.7　超声波传感器及固定架

机器人在移动过程中，前方往往会出现不可预见性的障碍物，此时机器人必须能够自动检测到，并停止前进，发出友好的提示音。在要求较高的场合，障碍物检测通过超声波实时检测相对距离来实现。超声波传感器 HC-SR04 的尺寸如图 2-108 所示，超声波传感器固定架的尺寸如图 2-109 所示。

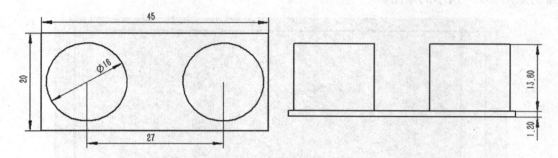

图 2-108　超声波传感器 HC-SR04 的尺寸

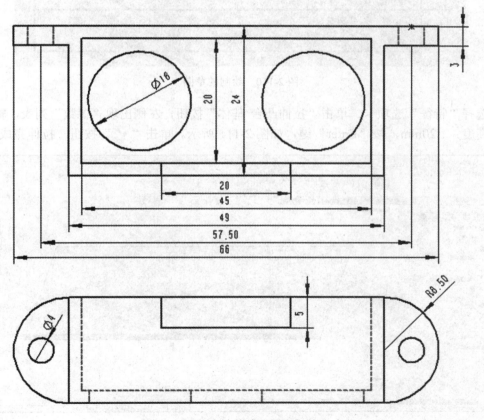

图 2-109　超声波传感器固定架的尺寸

2.7.1　超声波传感器

单击"□"按钮，在"新建 SOLIDWORKS 文件"对话框中单击"🔖"（零部件）按钮，单击"确定"按钮，完成零部件建模的新建。单击"💾"按钮，输入文件名：超声波传感器，选择保存路径，单击"保存"按钮。

选择"草图"选项卡，单击"草图绘制"按钮，选择"上视基准面"为绘制基准面。绘制如图 2-110 所示的草图。

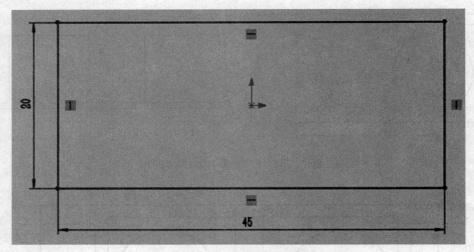

图 2-110　绘制的草图

选择"特征"选项卡，单击"拉伸凸台/基体"按钮，左侧出现"参数"列表，输入拉伸的高度：1.20mm，按"Enter"键，如图 2-111 所示。单击"✔"按钮，拉伸完成。

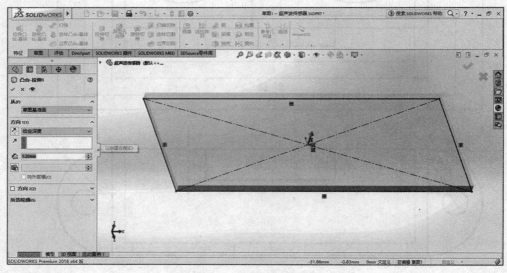

图 2-111　超声波传感器底座拉伸

选择"草图"选项卡，单击"⊙"按钮，以底座顶面为基准面，以顶面的中心点为圆心点画圆，半径：8.00mm，然后分别向左、向右移动 13.50mm，如图 2-112 所示。设置完成后，按"Enter"键，绘制完成。

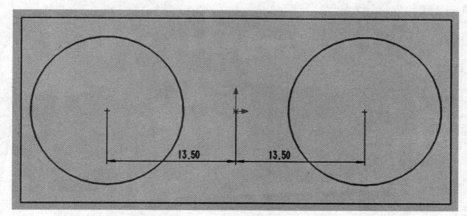

图 2-112　双圆绘制完成效果图

选择"特征"选项卡，单击"拉伸凸台/基体"按钮，左侧出现"参数"列表，输入拉伸的高度：13.80mm，按"Enter"键，如图 2-113 所示。单击"✔"按钮，拉伸完成。

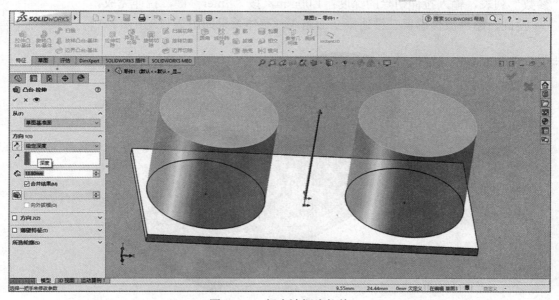

图 2-113　超声波探头拉伸

在"特征"选项卡中单击"圆角"按钮，对上沿进行倒圆角，圆角半径：1.00mm，按"Enter"键，如图 2-114 所示。单击"✔"按钮，倒圆角完成。

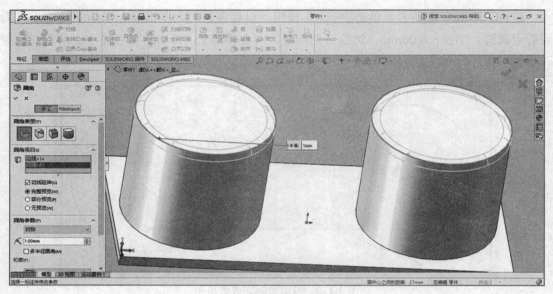

图 2-114 倒圆角效果图

分别在两个探测头上方画直径为 12.00mm 的圆，并单击"拉伸切除"按钮，左侧出现"参数"列表，输入拉伸切除的深度：1.00mm，按"Enter"键，拉伸完成。

至此，超声波传感器三维建模全部完成，整体效果如图 2-115 所示。

图 2-115 超声波传感器整体效果图

2.7.2 超声波固定架

单击""按钮，在"新建 SOLIDWORKS 文件"对话框中单击""（零部件）按钮，单击"确定"按钮，完成零部件建模的新建。单击""按钮，输入文件名：超声波固定架，选择保存路径，单击"保存"按钮。

选择"草图"选项卡，单击"草图绘制"按钮，选择"上视基准面"为绘制基准面。绘制如图 2-116 所示的草图。

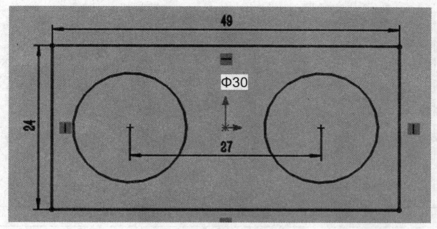

图 2-116　草图

选择"特征"选项卡，单击"拉伸凸台/基体"按钮，左侧出现"参数"列表，输入拉伸的高度：2.00mm，按"Enter"键，如图 2-117 所示。单击"✔"按钮，拉伸完成。

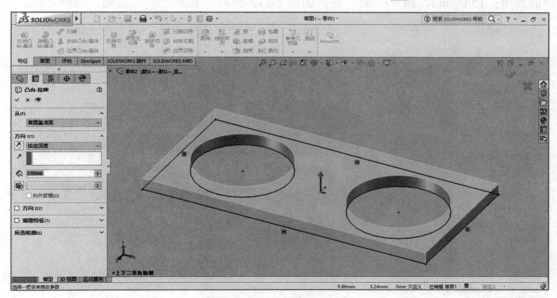

图 2-117　拉伸效果

选择"草图"选项卡，单击"▣"按钮，以顶面为基准面，绘制两个矩形，尺寸分别为 49.00mm*24.00mm，45.00mm*20.00mm，如图 2-118 所示。设置完成后，单击"Enter"键，绘制完成。

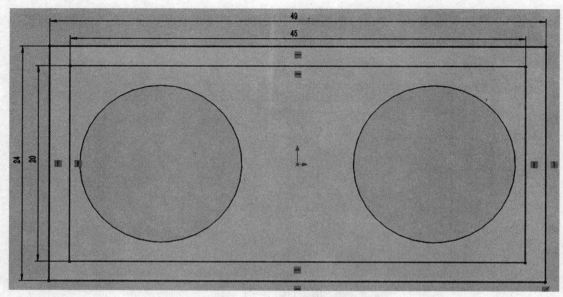

图 2-118 绘制完成效果图

选择"特征"选项卡,单击"拉伸凸台/基体"按钮,左侧出现"参数"列表,输入拉伸的高度:15.00mm,按"Enter"键,如图 2-119 所示。单击"✔"按钮,拉伸完成。

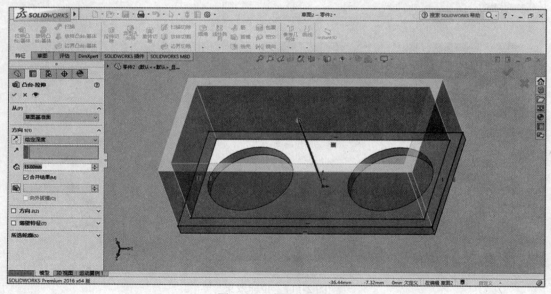

图 2-119 固定架拉伸

选择"草图"选项卡,单击" 🔲 "按钮,以顶面为基准面,绘制矩形,尺寸为 20.00mm*2.00mm,如图 2-120 所示。设置完成后,按"Enter"键,绘制完成。

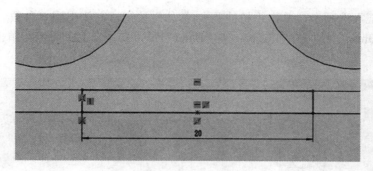

图 2-120　矩形绘制完成效果图

选择"特征"选项卡，单击"拉伸切除"按钮，左侧出现"参数"列表，输入拉伸切除深度：5.00mm，按"Enter"键，如图 2-121 所示。单击"✔"按钮，拉伸切除完成。

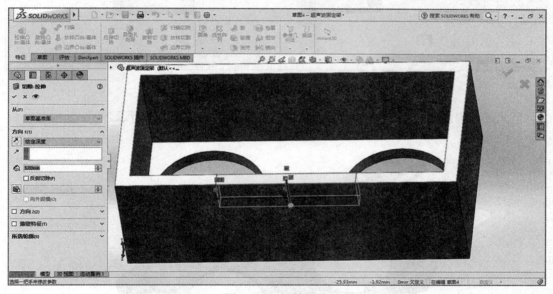

图 2-121　拉伸切除

切换视角，选择"草图"选项卡，单击"⊙"按钮，以顶面为基准面，分别在两侧绘制半圆和圆形，如图 2-122 所示。设置完成后，按"Enter"键，绘制完成。

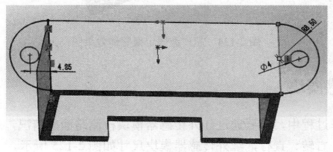

图 2-122　双矩形绘制完成效果图

选择"特征"选项卡，单击"拉伸凸台/基体"按钮，左侧出现"参数"列表，输入拉伸的高度：3.00mm，拉伸方向向下，按"Enter"键，如图 2-123 所示。单击"✔"按钮，拉伸完成。

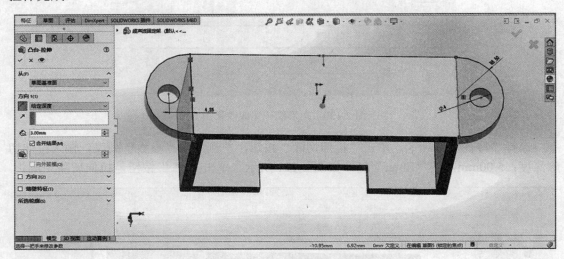

图 2-123　固定端拉伸

至此，超声波固定架三维建模全部完成，整体效果如图 2-124 所示。

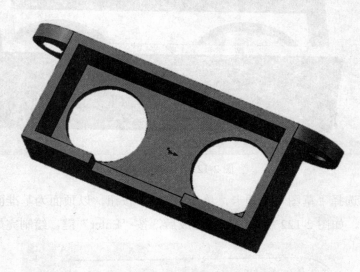

图 2-124　超声波固定架整体效果图

2.8　红外传感模块

机器人在工作过程中，需要通过红外传感器模块检测路面的情况，从而控制机器人的运行方式：左转、右转、直行，红外传感器模块尺寸如图 2-125 所示。

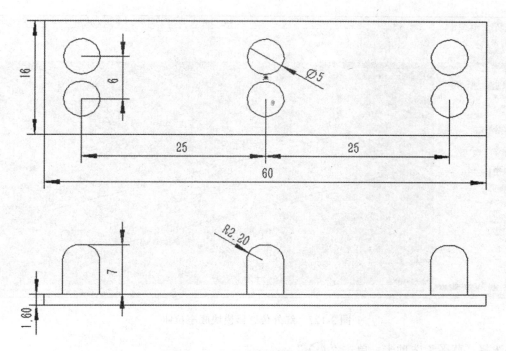

图 2-125　红外传感器模块尺寸

单击"□"按钮，在"新建 SOLIDWORKS 文件"对话框中单击"□"（零部件）按钮，单击"确定"按钮，完成零部件建模的新建。单击"□"按钮，输入文件名：红外传感器模块，选择保存路径，单击"保存"按钮。

选择"草图"选项卡，单击"草图绘制"按钮，选择"上视基准面"为绘制基准面。绘制如图 2-126 所示的草图。

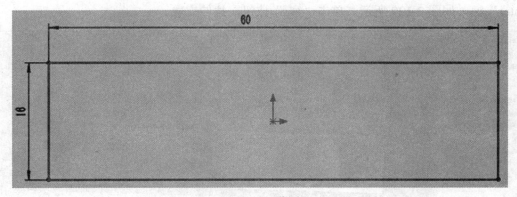

图 2-126　草图

选择"特征"选项卡，单击"拉伸凸台/基体"按钮，左侧出现"参数"列表，输入拉伸的高度：1.60mm，按"Enter"键，如图 2-127 所示。单击"✔"按钮，拉伸完成。

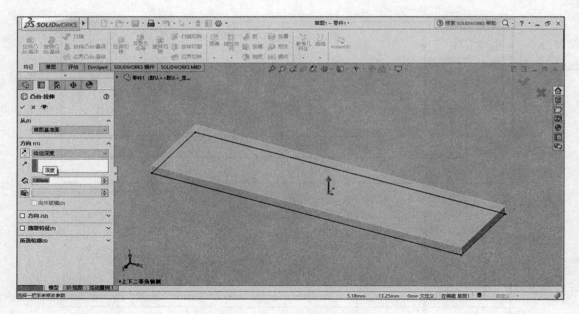

图 2-127　红外传感器模块底座拉伸

选择"草图"选项卡，单击"⊙"按钮，以底座顶面为基准面，绘制如图 2-128 所示的效果图。设置完成后，按"Enter"键，绘制完成。

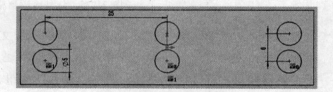

图 2-128　双圆绘制完成效果图

选择"特征"选项卡，单击"拉伸凸台/基体"按钮，左侧出现"参数"列表，输入拉伸的高度：7.00mm，按"Enter"键，如图 2-129 所示。单击"✓"按钮，拉伸完成。

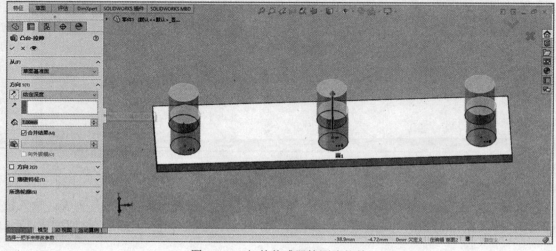

图 2-129　红外传感器检测头拉伸

在"特征"选项卡中单击"圆角"按钮，对各检测头进行倒圆角，圆角半径：2.20mm，按"Enter"键，如图 2-130 所示。单击"✔"按钮，倒圆角完成。

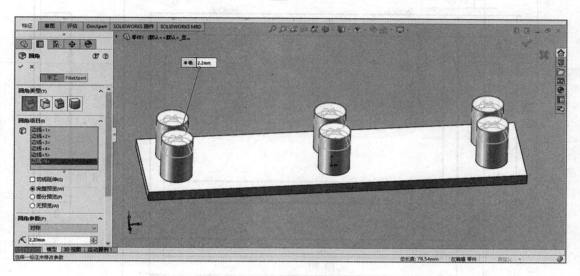

图 2-130　倒圆角效果图

至此，红外传感器模块三维建模全部完成，整体效果如图 2-131 所示。

图 2-131　红外传感器模块整体效果图

2.9　人机交互模块

机器人在工作之前，需要通过人对其进行参数的设置，设置时通过显示将相关信息反馈给操作人员。本机器人显示采用 LCD12864 液晶，参数的设置采用轻触按钮。液晶的尺寸如图 2-132 所示，按钮的尺寸如图 2-133 所示。

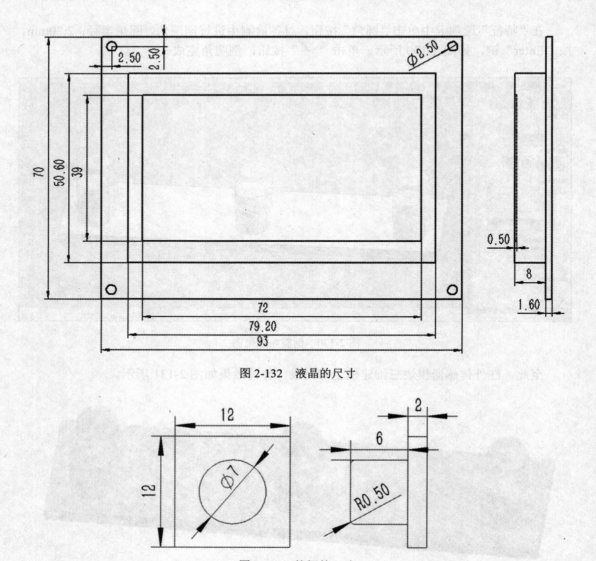

图 2-132　液晶的尺寸

图 2-133　按钮的尺寸

2.9.1　液晶

单击""按钮，在"新建 SOLIDWORKS 文件"对话框中单击"　"（零部件）
按钮，单击"确定"按钮，完成零部件建模的新建。单击"　"按钮，输入文件名：液
晶 LCD12864，选择保存路径，单击"保存"按钮。

选择"草图"选项卡，单击"草图绘制"按钮，选择"上视基准面"为绘制基准面。
绘制如图 2-134 所示的草图。

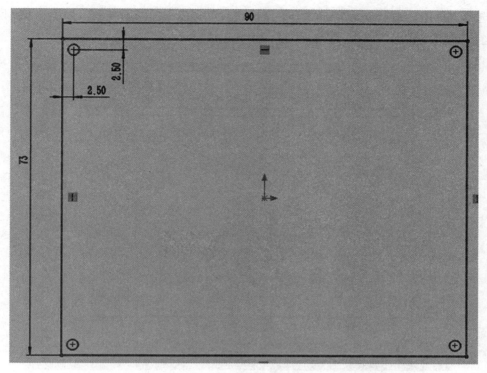

图 2-134　绘制的草图

选择"特征"选项卡，单击"拉伸凸台/基体"按钮，左侧出现"参数"列表，输入拉伸的高度：1.60mm，按"Enter"键，如图 2-135 所示。单击"✔"按钮，拉伸完成。

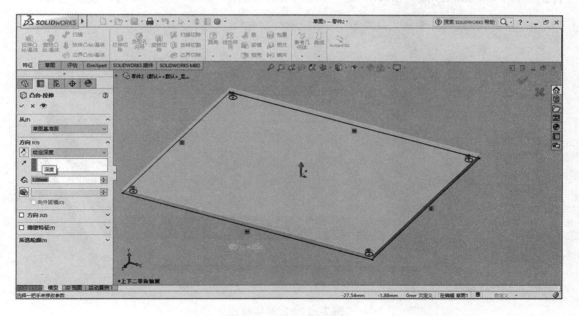

图 2-135　液晶底板拉伸

选择"草图"选项卡，单击"▣"按钮，以底座顶面为基准面，如图 2-136 所示的效果图。设置完成后，单击"Enter"键，绘制完成。

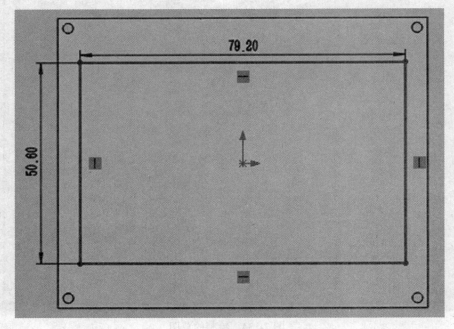

图 2-136　绘制完成效果图

选择"特征"选项卡，单击"拉伸凸台/基体"按钮，左侧出现"参数"列表，输入拉伸的高度：8.00mm，按"Enter"键，如图 2-137 所示。单击"✔"按钮，拉伸完成。

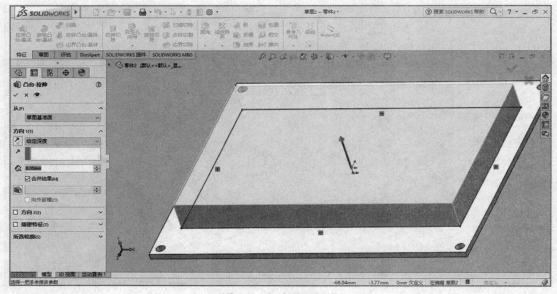

图 2-137　液晶屏拉伸

选择"草图"选项卡，单击" 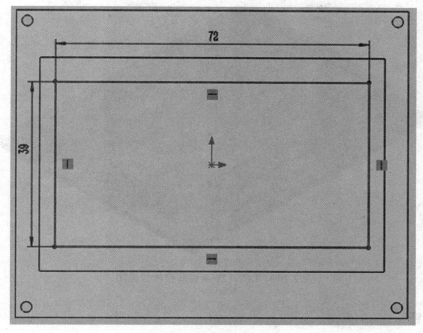 "按钮，以液晶屏顶面为基准面，绘制如图 2-138 所示的效果图。设置完成后，按"Enter"键，绘制完成。

图 2-138　绘制完成效果图

选择"特征"选项卡，单击"拉伸切除"按钮，左侧出现"参数"列表，切除深度：1.00mm，按"Enter"键，如图 2-139 所示。单击" ✔ "按钮，拉伸切除完成。

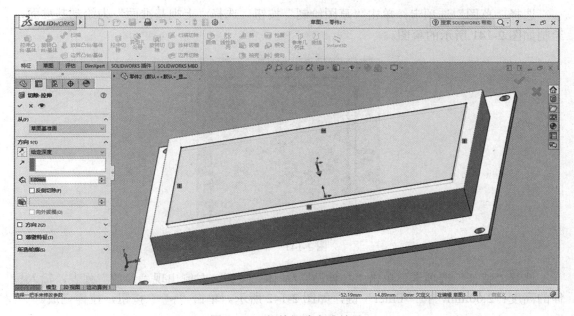

图 2-139　拉伸切除完成效果

至此，LCD12864 液晶三维建模全部完成，整体效果如图 2-140 所示。

图 2-140　LCD12864 液晶整体效果图

2.9.2　按钮

单击"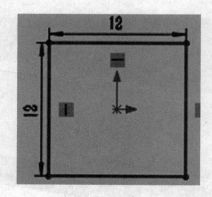"按钮，在"新建 SOLIDWORKS 文件"对话框中单击""（零部件）按钮，单击"确定"按钮，完成零部件建模的新建。单击""按钮，输入文件名：按钮-12，选择保存路径，单击"保存"按钮。

选择"草图"选项卡，单击"草图绘制"按钮，选择"上视基准面"为绘制基准面，绘制如图 2-141 所示的草图。

图 2-141　草图

选择"特征"选项卡，单击"拉伸凸台/基体"按钮，左侧出现"参数"列表，输入拉伸的高度：2.00mm，按"Enter"键，如图 2-142 所示。单击""按钮，拉伸完成。

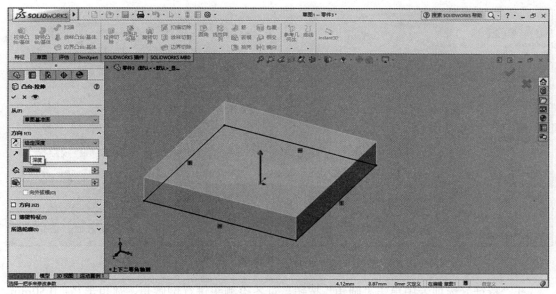

图 2-142　按钮底座拉伸

选择"草图"选项卡，单击"⊙"按钮，以底座顶面为基准面，绘制如图 2-143 所示的草图。设置完成后，按"Enter"键，绘制完成。

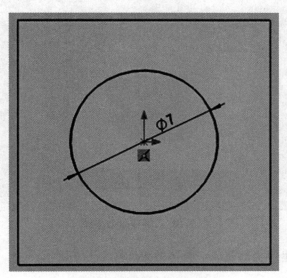

图 2-143　圆绘制完成效果图

选择"特征"选项卡，单击"拉伸凸台/基体"按钮，左侧出现"参数"列表，输入拉伸的高度：6.00mm，按"Enter"键，如图 2-144 所示。单击"✔"按钮，拉伸完成。

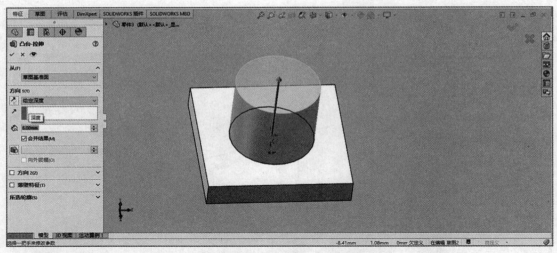

图 2-144　按钮按压部分拉伸

在"特征"选项卡中单击"圆角"按钮，对各检测头进行倒圆角，圆角半径：0.50mm，按"Enter"键，如图 2-145 所示，单击"✔"按钮，倒圆角完成。

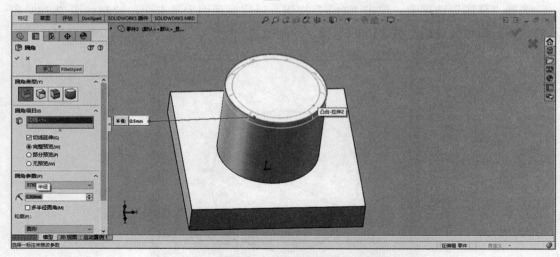

图 2-145　倒圆角效果图

至此，按钮三维建模全部完成，整体效果如图 2-146 所示。

图 2-146　按钮整体效果图

2.10　底盘与顶板

机器人的所有零部件最终都需要安装在一起，其中底盘和顶板起着必不可少的作用。因此，在底盘和顶板上合适的位置设计相应零部件的安装孔，从而满足整体装配的需求。

2.10.1　底盘

单击"□"按钮，在"新建 SOLIDWORKS 文件"对话框中单击"🔧"（零部件）按钮，单击"确定"按钮，完成零部件建模的新建。单击"💾"按钮，输入文件名：底盘，选择保存路径，单击"保存"按钮。

选择"草图"选项卡，单击"草图绘制"按钮，选择"上视基准面"为绘制基准面。绘制如图 2-147 所示的草图。

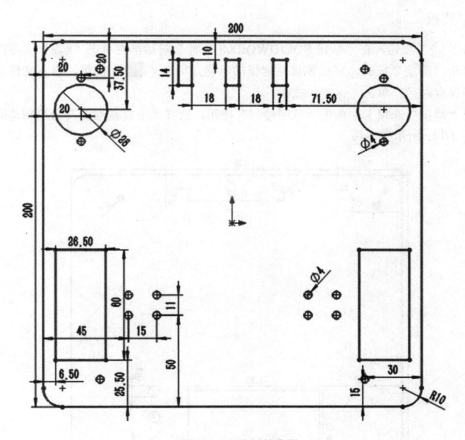

图 2-147　绘制的草图

选择"特征"选项卡，单击"拉伸凸台/基体"按钮，左侧出现"参数"列表，输入拉伸的高度：4.00mm，按"Enter"键，单击"✔"按钮，拉伸完成，底盘的整体效果如图 2-148 所示。

图 2-148　底盘的整体效果图

2.10.2　顶板

单击"⬜"按钮，在"新建 SOLIDWORKS 文件"对话框中单击"🪣"（零部件）按钮，单击"确定"按钮，完成零部件建模的新建。单击"💾"按钮，输入文件名：顶板，选择保存路径，单击"保存"按钮。

选择"草图"选项卡，单击"草图绘制"按钮，选择"上视基准面"为绘制基准面，绘制如图 2-149 所示的草图。

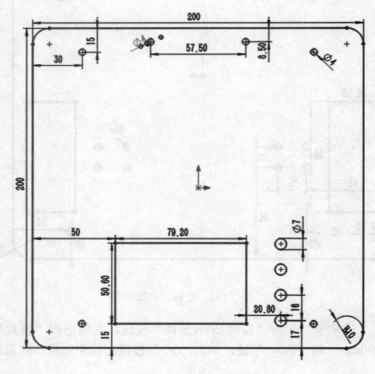

图 2-149　绘制的草图

选择"特征"选项卡，单击"拉伸凸台/基体"按钮，左侧出现"参数"列表，输入拉伸的高度：4.00mm，按"Enter"键，单击"✔"按钮，拉伸完成，顶板的整体效果如图 2-150 所示。

图 2-150　顶板的整体效果图

2.11　整机装配

独立零部件分别建模完成之后，就进入机器人的组装环节，需要根据结构、功能将零部件按照一定的要求装配在一起。

单击"📄"按钮，在"新建 SOLIDWORKS 文件"对话框中单击"🖳"（装配体）按钮，单击"确定"按钮。单击"💾"按钮，输入文件名：机器人总装，选择保存路径，单击"保存"按钮。

在"装配体"选项卡中单击"🖲插入零部件"按钮，左侧切换到"插入零部件"属性管理器，在属性管理器中单击"浏览(B)…"按钮，如图 2-151 所示；在"打开"对话框中选择要插入的零部件"底盘"，如图 2-152 所示。

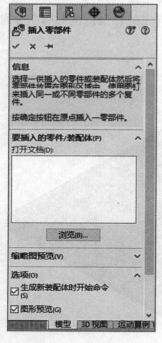

图 2-151　属性管理器

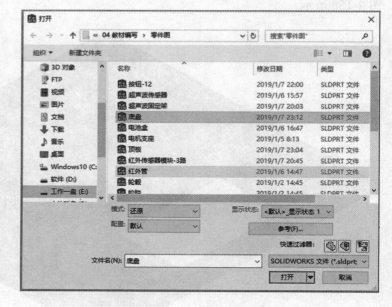

图 2-152　"打开"对话框

单击"打开"按钮，在"图形区"出现底盘的模型，选择合适的位置，单击鼠标左键，如图 2-153 所示。第一个插入的零部件默认为"固定"，不可移动。

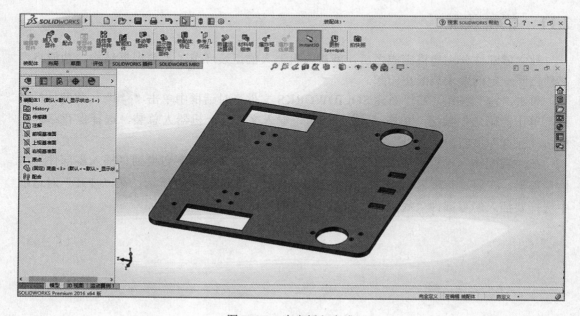

图 2-153　底盘插入完成

2.11.1　电机支架配合

按照插入零部件"底盘"的方式插入零部件"电机支架"，在"装配体"选项卡中单击"配合"按钮，左侧出现"配合"属性管理器，如图 2-154 所示。常见的标准配合方式有重合、平行、垂直、相切、同轴心和锁定。

图 2-154　"配合"属性管理器

配合方式选择"同轴心"选项，要配合的实体"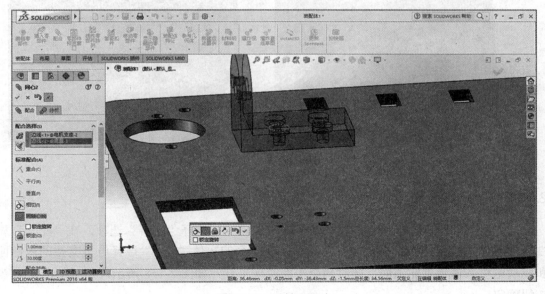"选择电机支架的某一安装孔和底盘上相对应的安装孔，此时两孔实现同轴心，如图 2-155 所示，然后单击""按钮确定。

图 2-155　同轴心配合

配合方式选择"重合"选项，要配合的实体"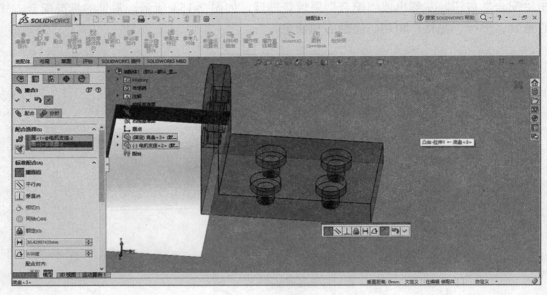"电机支架底面和底盘的顶面（需重合的面），此时电机支架与底盘自动重合，如图 2-156 所示。然后单击"✔"按钮确定，电机支座装配完成。

图 2-156　重合配合

以类似的方法实现四个螺栓、四个螺母的配合，配合完成效果如图 2-157 所示。

图 2-157　电机支架固定螺栓、螺母配合完成效果

2.11.2　驱动电机配合

插入零部件"驱动电机"，在"装配体"选项卡中选择"配合"选项，在"配合"属性管理器中，配合方式选择"平行"选项，要配合的实体""选择电机支架的内侧面和驱动电机减速装置的顶面，此时两个平面实现平行，如图 2-158 所示，然后单击"✔"按钮确定。

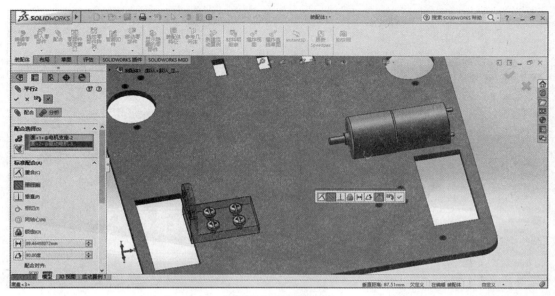

图 2-158　平行配合

　　配合方式选择"同轴心"选项，要配合的实体"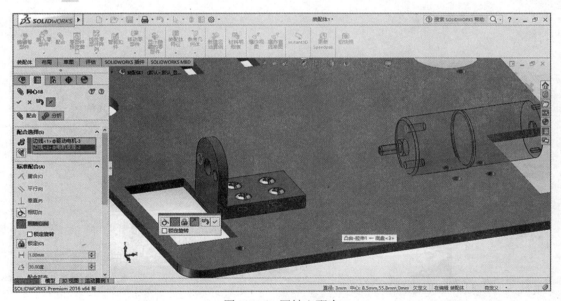"选择驱动电机安装孔和电机支架对应的安装孔，此时驱动电机安装孔和电机支架实现自动同轴心，如图 2-159 所示，然后单击"✔"按钮确定。

图 2-159　同轴心配合

　　配合方式选择"同轴心"选项，要配合的实体"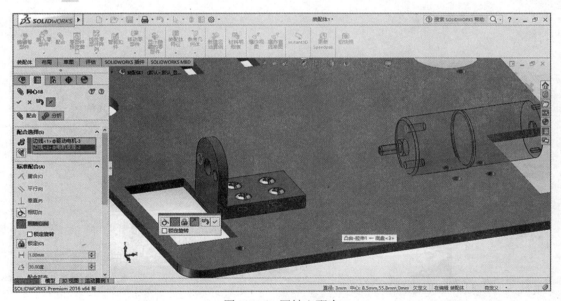"选择驱动电机转轴套和电机支架对应的安装孔，此时驱动电机和电机支架实现自动同轴心，如图 2-160 所示，然后单击"✔"按钮确定。

图 2-160　同轴心配合

配合方式选择"重合"选项，要配合的实体""选择电机支架的内侧面和驱动电机减速装置的顶面，此时驱动与电机支架自动重合，如图 2-161 所示，然后单击"✔"按钮确定。

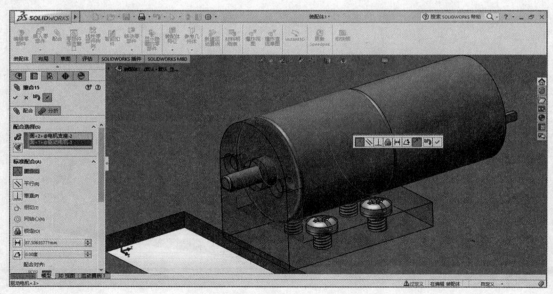

图 2-161　重合配合

插入 M3*8 沉头螺栓，利用"同轴心"和"重合"的配合方式，将电机支座和驱动电机进行固定，配合完成效果如图 2-162 所示。

图 2-162 驱动电机配合完成效果

2.11.3 轮毂配合

插入零部件"轮毂",在"装配体"选项卡中选择"配合"选项,在"配合"属性管理器中,配合方式选择"平行"选项,要配合的实体" 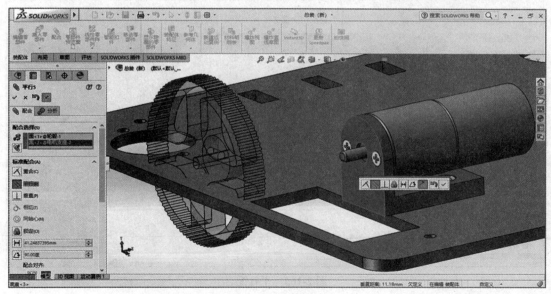 "选择轮毂安装顶面和电机支架的平行外侧面,此时两个平面实现平行,如图 2-163 所示,然后单击" ✔ "按钮确定。

图 2-163 平行配合

配合方式选择"同轴心"选项,要配合的实体" "选择轮毂电机安装孔和驱动电机转轴,实现自动同轴心,如图 2-164 所示,然后单击" ✔ "按钮确定。

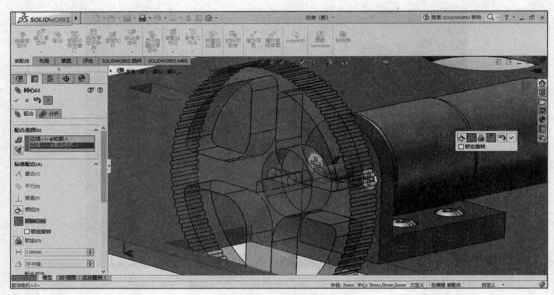

图 2-164　同轴心配合

配合方式选择"平行"选项，要配合的实体""选择轮毂电机安装孔直线边和驱动电机转轴直线边，配齐方式：同向配齐，此时两直线边实现自动平行，如图 2-165 所示，然后单击"✔"按钮确定。

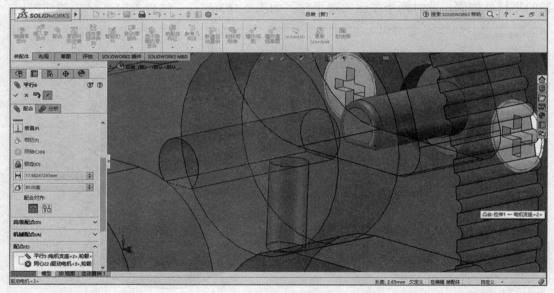

图 2-165　平行配合

配合方式选择"重合"选项，要配合的实体""选择轮毂安装顶面和电机支架的平行外侧面，实现两平面自动重合，如图 2-166 所示，然后单击"✔"按钮确定。

图 2-166　重合配合

在设计树控制面板 Feature Manager（特征管理器）中，找到最后一个配合"重合"选项，单击鼠标右键，在弹出的对话框中单击"删除"按钮，在确定删除对话框中单击"是"按钮。

选中轮毂，在"装配体"选项卡中，单击"移动零部件"按钮，移动方式"⊹"选择"Delta XYZ"选项，移动距离"ΔX"为"−1.00mm"，单击"应用"按钮，轮毂向左移动 1.00mm，如图 2-167 所示，然后单击"✔"按钮确定。

图 2-167　零部件移动

2.11.4　轮胎配合

插入零部件"轮胎"，在"装配体"选项卡中选择"配合"选项，在"配合"属性管理器中，配合方式选择"同轴心"选项，要配合的实体"🧲"选择轮胎侧面圆和轮毂电机安装孔圆，此时两个圆实现同轴心，如图 2-168 所示，然后单击"✔"按钮确定。

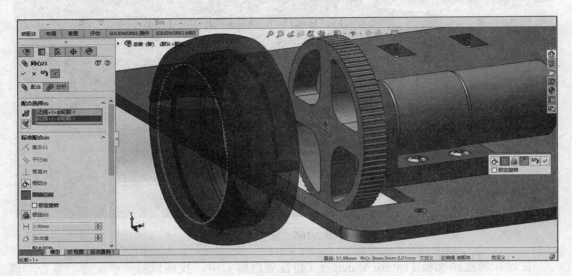

图 2-168　同轴心配合

　　配合方式选择"重合"选项，要配合的实体"⬚"选择轮胎左内侧面和轮毂外侧面，实现两平面自动重合，如图 2-169 所示，然后单击"✔"按钮确定。

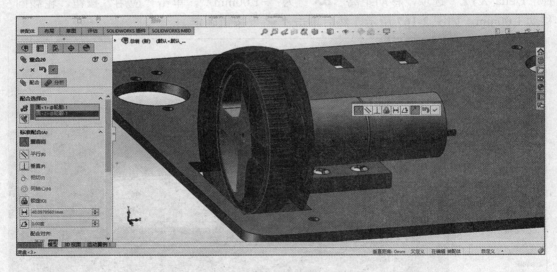

图 2-169　重合配合

　　在设计树控制面板 Feature Manager（特征管理器）中，找到最后一个配合"重合"选项，单击鼠标右键，在弹出的菜单中单击"删除"按钮，在确定删除对话框中单击"是"按钮。

　　选中轮胎，在"装配体"选项卡中单击"移动零部件"按钮，移动方式"✛"选择"Delta XYZ"，移动距离"ΔX"为"-1.00mm"，单击"应用"按钮，轮胎向左移动 1.00mm，如图 2-170 所示，然后单击"✔"按钮确定。

图 2-170　零部件移动

2.11.5　万向轮配合

插入零部件"万向轮"，在"装配体"选项卡中选择"配合"选项，在"配合"属性管理器中，配合方式选择"同轴心"选项，要配合的实体"🔧"选择万向轮的圆和底盘万向轮安装孔的圆，配齐方式：同向配齐，此时两个平面实现同轴心，如图 2-171 所示，然后单击"✔"按钮确定。

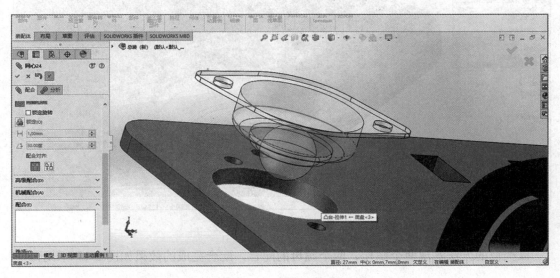

图 2-171　同轴心配合

配合方式选择"同轴心"选项，要配合的实体"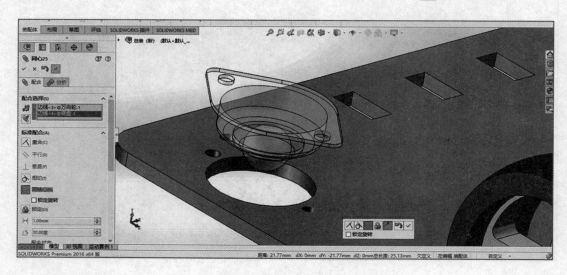"选择万向轮一侧安装孔和底盘对应安装孔，两孔自动实现同轴心，如图 2-172 所示，然后单击"✓"按钮确定。

图 2-172　同轴心配合

配合方式选择"重合"选项，要配合的实体"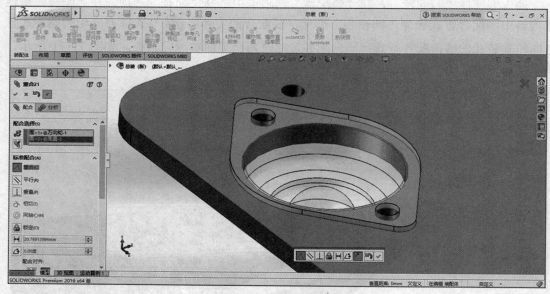"选择万向轮安装底面和底盘顶面，实现两平面自动重合，如图 2-173 所示，然后单击"✓"按钮确定。

图 2-173　重合配合

以类似的方法实现两个螺栓、两个螺母的配合，配合完成的效果如图 2-174 所示。

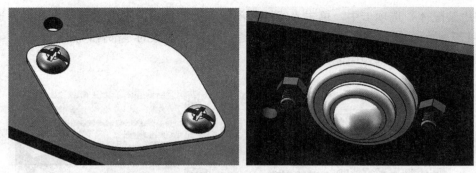

图 2-174　万向轮固定螺栓、螺母的配合效果

2.11.6　镜像零部件

在"装配体"选项卡中，单击"参考几何体"按钮，选择"基准面"选项，如图 2-175 所示，然后点击选中底盘左侧面，接着在左侧参数列表中，"第一参考"中的方式选择"两侧对称"选项。再然后点击选中底盘右侧面，接着在"第二参考"中的方式选择"两侧对称"选项，如图 2-176 所示，然后单击"✔"按钮确定。

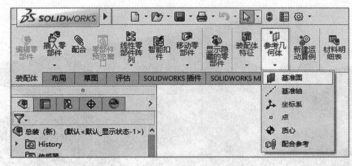

图 2-175　"参考几何体"选项

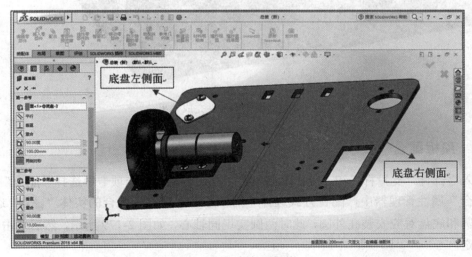

图 2-176　参考几何体

在"装配体"选项卡中，单击"线性零部件阵列"按钮，选择"镜像零部件"选项，如图 2-177 所示。然后在左侧参数列表中，逐一选择要镜像的零部件，然后单击"✔"按钮确定，镜像完成效果如图 2-178 所示。

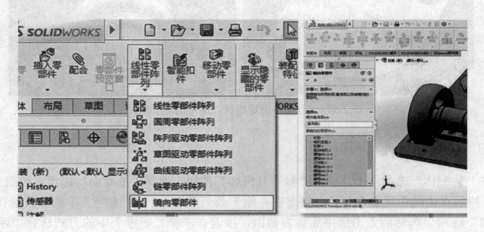

图 2-177　"线性零部件阵列"选项

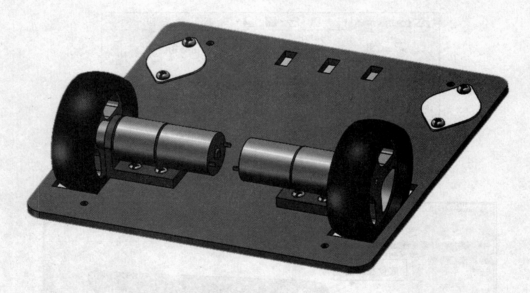

图 2-178　镜像零部件完成效果

2.11.7　顶板配合

插入零部件"支撑杆"和"M4*12 螺栓"，在"装配体"选项卡中选择"配合"选项，在"配合"属性管理器中，配合方式选择"同轴心"选项，要配合的实体"🔩"选择支撑杆外圆和底盘对应安装孔外圆，此时两圆实现同轴心，如图 2-179 所示，然后单击"✔"按钮确定。

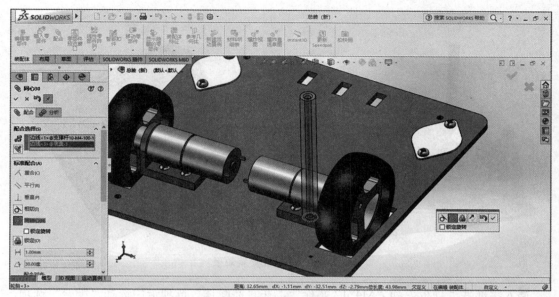

图 2-179　同轴心配合

配合方式选择"重合"选项，要配合的实体""选择支撑杆地面和底盘顶面，此时两个平面实现自动重合，如图 2-180 所示，然后单击"✔"按钮确定。

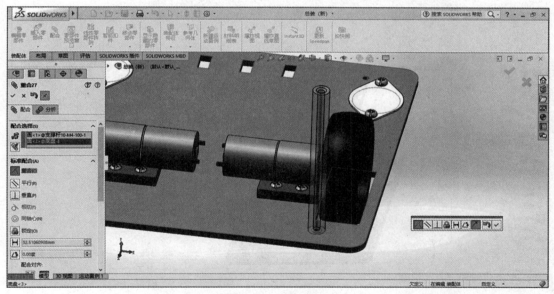

图 2-180　重合配合

以类似的方法实现其余 3 根支撑柱和对应 M4*12 螺栓的配合，配合完成的效果如图 2-181 所示。

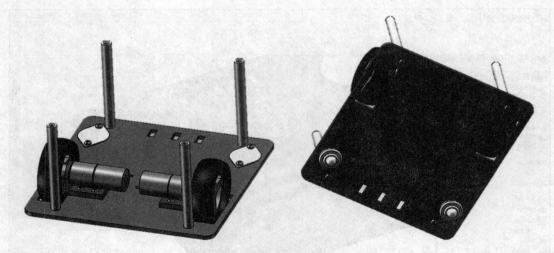

图 2-181 支撑柱安装效果

插入零部件"顶板"和"M4*12 螺栓"，在"装配体"选项卡中选择"配合"选项，在"配合"属性管理器中，配合方式选择"同轴心"选项，要配合的实体" 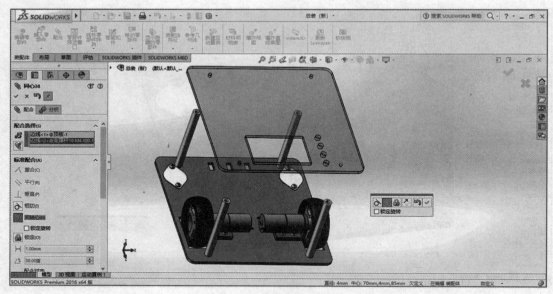 "选择顶板支撑柱安装孔和对应支撑柱外圆，此时两圆实现同轴心，如图 2-182 所示，然后单击" ✓ "按钮确定。

图 2-182 同轴心配合

配合方式选择"重合"选项，要配合的实体" "选择顶板底面和支撑杆顶面，此时两个平面实现自动重合，如图 2-183 所示，然后单击" ✓ "按钮确定。

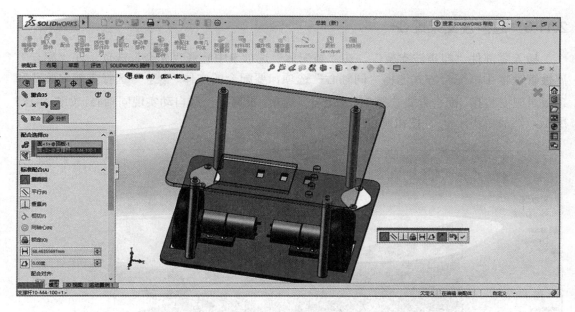

图 2-183　重合配合

以类似的方法实现顶板与支撑柱对应 M4*12 螺栓的配合，配合完成的效果如图 2-184 所示。

图 2-184　顶板及螺栓配合完成的效果

2.11.8　超声波支架配合

插入零部件"超声波支架"，在"装配体"选项卡中选择"配合"选项，在"配合"属性管理器中，配合方式选择"同轴心"选项，要配合的实体"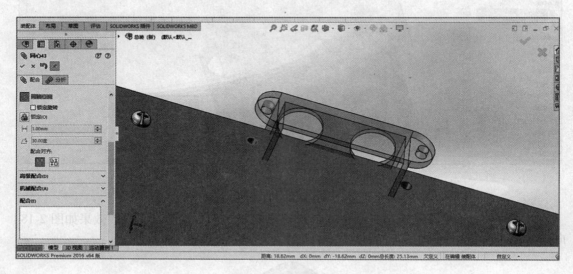"选择支架安装孔和顶板对应安装孔，配合方式选择"同向对齐"选项，此时两个圆自动实现同轴心，如图 2-185 所示，然后单击"✔"按钮确定。

图 2-185　同轴心配合

配合方式选择"重合"选项，要配合的实体"📎"超声波支架顶面和顶板底面，此时两个平面自动重合，如图 2-186 所示，然后单击"✔"按钮确定。

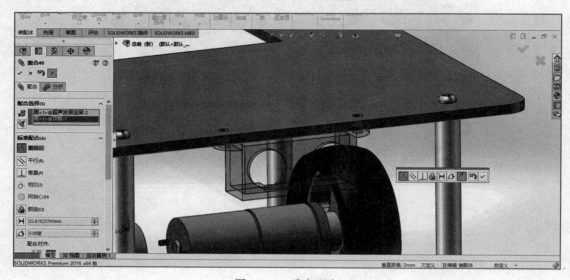

图 2-186　重合配合

以类似的方法实现两个螺栓、两个螺母的配合，配合完成的效果如图 2-187 所示。

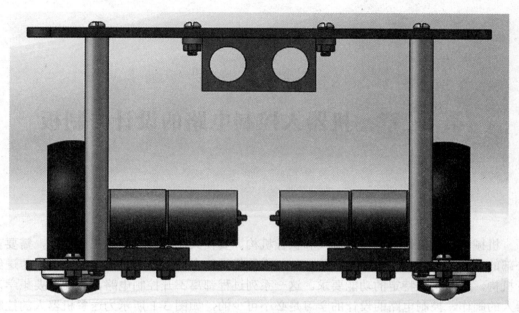

图 2-187　超声波支架固定螺栓、螺母配合的效果

以此种种显微镜样式，机器样，机器样。的最被称比较 3-158 所示。

第 *3* 章　机器人控制电路的设计与制板

机械机构是机器人的结构框架和执行机构，要使其能够按照要求执行任务，需要获取外部的信息，然后传送给控制系统。控制系统经过特定的处理之后，将动作要求传送给执行机构，从而实现特定的功能要求。这一系列过程都离不开控制电路，因此，要想学习机器人的制作，控制电路的设计的学习是必不可少的，如图 3-1 所示为送餐机器人的控制主板电路。

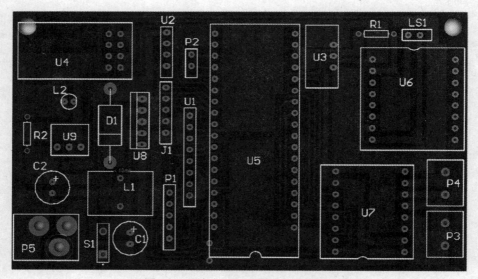

图 3-1　送餐机器人的控制主板电路

随着电子技术的飞速发展和印制电路板加工工艺的不断提高，大规模和超大规模集成电路不断涌现，现代电子线路系统已经变得非常复杂。同时电子产品又在向小型化发展，在更小的空间内实现更复杂的电路功能，正因为如此，对印制电路板的设计和制作要求也越来越高。快速、准确地完成电路板的设计对电子线路工作者而言是一个挑战，同时对设计工具提出了更高的要求，像 Cadence、PowerPCB 以及 Protel 等电子线路辅助设计软件应运而生，其中 Protel（Altium Designer）在国内使用最为广泛。

3.1　印制电路板设计流程

　　Altium Designer 是软件开发商 Altium 公司推出的一体化的电子产品开发系统，其通过把原理图设计、电路仿真、PCB 绘制编辑、拓扑逻辑自动布线、信号完整性分析和设计输出等技术的完美融合，为设计者提供了全新的设计解决方案，使设计者可以轻松地进行设计，熟练使用这一软件使电路设计的质量和效率大大提高。

　　用 Altium Designer 绘制印制电路板的流程如图 3-2 所示。

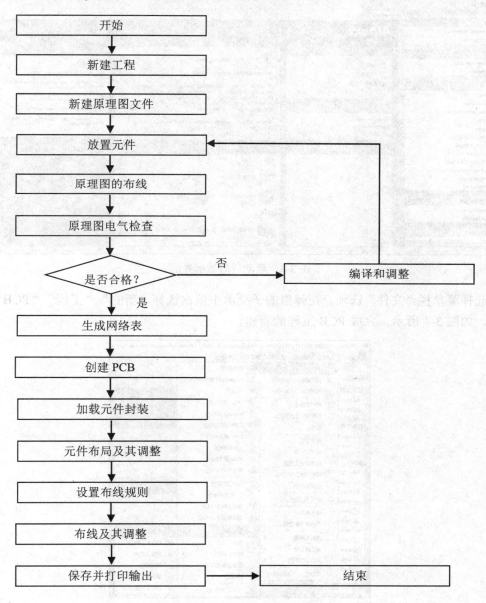

图 3-2　Altium Designer 绘制印制电路板的流程图

3.2 Altium Designer 基本操作

3.2.1 启动与新建

双击软件图标"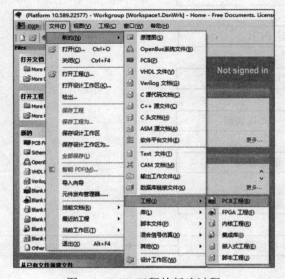"，启动 Altium Designer 10，启动后界面如图 3-3 所示。

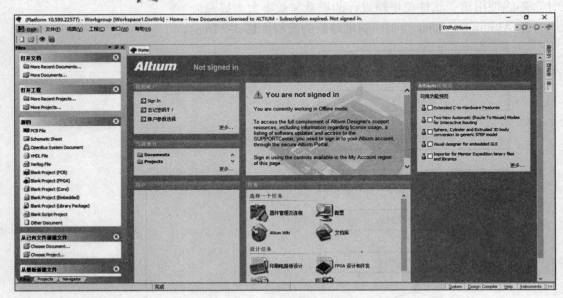

图 3-3　启动后的显示界面

选择菜单栏"文件"选项，在弹出的子菜单中依次选择"新的""工程""PCB 工程"选项，如图 3-4 所示，完成 PCB 工程的新建。

图 3-4　PCB 工程的新建过程

PCB 工程新建完成后，在左侧出现"Projects"界面，如图 3-5 所示。

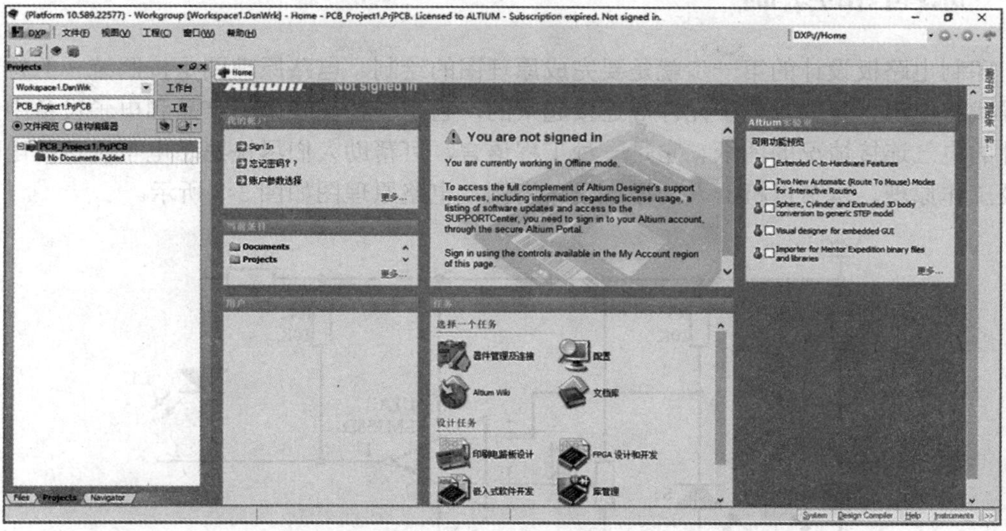

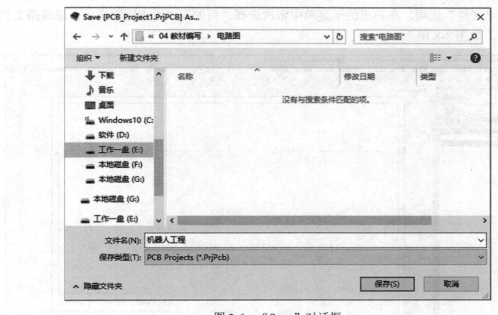

图 3-5　"Projects"界面

3.2.2　保存与退出

工程新建完成之后，选择"文件"选项卡的"保存工程"选项，弹出"Save"对话框，输入文件名，选择保存路径，如图 3-6 所示，单击"保存"按钮，完成工程的保存。

图 3-6　"Save"对话框

工程保存之后，单击右上角的"✕"按钮，退出软件。

3.3 原理图的绘制

印制电路板设计的第一步就是要完成原理图的绘制。电路原理图是按照统一的符号利用导线将电源、开关、电子元件等连接起来的，它是一种反映电子产品和电子设备中各元器件的电气连接情况的图纸。它是一种工程语言，可帮助人们尽快熟悉电子设备的电路结构及工作原理。本节以机器人的循迹电路为例，电路原理图如图 3-7 所示。

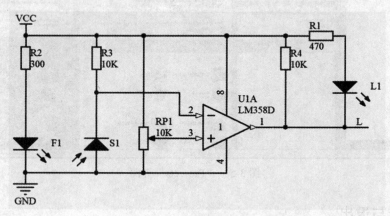

图 3-7　循迹电路的电路原理图

3.3.1 新建原理图

选择"文件"选项，在弹出的子菜单中依次选择"新的""原理图"选项，原理图文档新建完成，如图 3-8 所示。

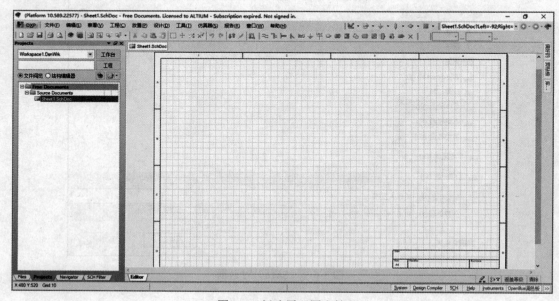

图 3-8　新建原理图文档

选择菜单栏"文件"选项，在弹出的子菜单中选择"保存"选项，弹出"Save"对话框，输入文件名：循迹电路，选择保存路径，如图 3-9 所示，单击"保存"按钮，完成原理图文档的保存。

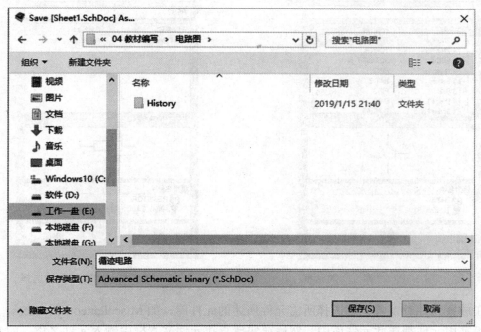

图 3-9　原理图文档保存

3.3.2　放置元件

循迹电路的元件清单如表 3-1 所示。

表 3-1　循迹电路的元件清单

序　号	元件号	名　称	型　号	元件名称	元件封装
1	R1	电阻	470	Res2	AXIAL-0.3
2	R2	电阻	300	Res2	AXIAL-0.3
3	R3、R4	电阻	10K	Res2	AXIAL-0.3
4	RP1	电位器	10K	RPOT	
5	U1	集成运放	LM358	LM358	DIP8
6	F1	红外发射管	φ5mm	LED	
7	S1	红外接收管	φ5mm	Photo Sen	
8	L1	指示灯	φ3mm	LED	

打开右侧工作面板"库…"对话框，如图 3-10 所示。第一个"库……"按钮用来安装或删除元件库；第二个"查找…"按钮用来查找一些不常用的元件；第三个"Place 2N3904"按钮用来放置选择的元件。

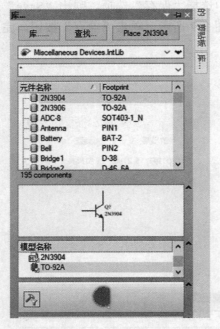
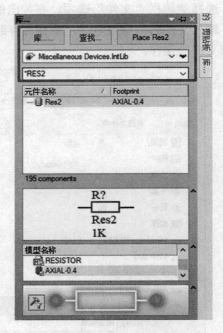

图 3-10 "库..."对话框　　　　　　　　图 3-11 电阻元件的选择

在放置元件时，首先要选择所需元件所述的元件库，如 Miscellaneous Devices，电阻、电容等常用元件都在此元件库中。然后在快捷查找元件文本框中输入元件名称，如 RES2，元件窗口就会出现对应的元件名称、符号、封装等信息，如图 3-11 所示。

鼠标双击"元件名称"选项或单击上方的"Place Res2"按钮，可以将元件放置到绘图区域中，在合适的位置单击鼠标左键，如图 3-12 所示。

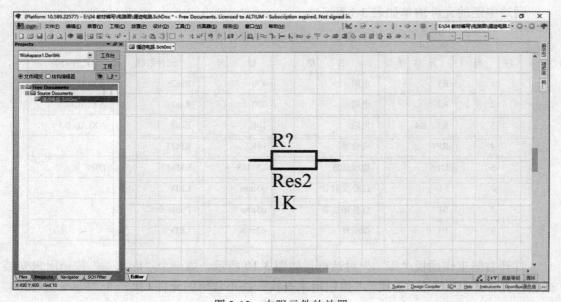

图 3-12 电阻元件的放置

元件放置完成后，双击元件符号，打开元件属性窗口，如图 3-13 所示，可以对元件号、注释、值和模式等属性进行修改。

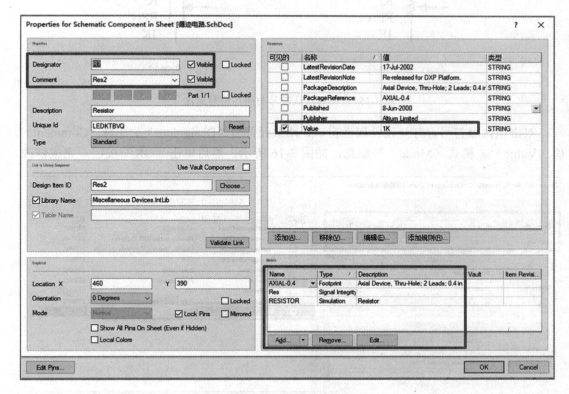

图 3-13　元件属性窗口

分别放置 R1、R2、R3、R4 四个电阻，并对参数进行修改，放置完成如图 3-14 所示。对元件需要进行 90.00°旋转时，可用鼠标左键选中元件，然后按空格键。

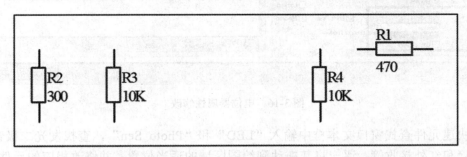

图 3-14　电阻元件放置完成

在快速元件查找窗口文本框中输入"Rpot"，查找电位器，元件窗口中出现所需的电位器，双击将其拖动到绘图区域的适当位置，此时发现电位器的符号与实际所需的符号存在差异，如图 3-15 所示。

（a）默认符号　　　　　　　　　（b）所需符号

图 3-15　电位器默认符号与所需符号对比

　　双击电位器符号，打开元件属性窗口，修改元件号（Designator）、注释（Comment）、值（Value）、模式（Mode）等信息，如图 3-16 所示。然后单击"OK"按钮，完成修改。

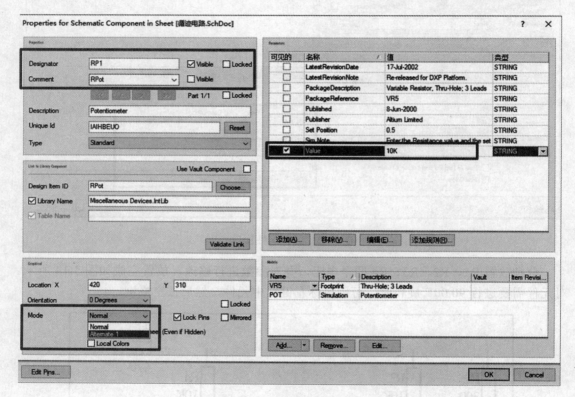

图 3-16　电位器属性修改

　　在快速元件查找窗口文本框中输入"LED"和"Photo Sen"，查找发光二极管、红外发射管和红外接收管，逐一将其拖动到绘图区域的适当位置，并修改相应的元件属性，如图 3-17 所示。

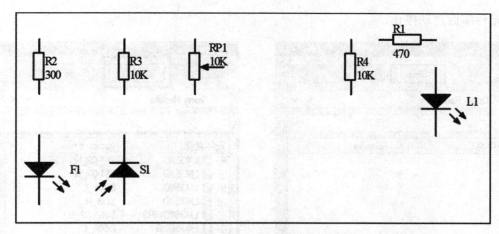

图 3-17　发光二极管、红外发射管和红外接收管放置

在快速元件查找窗口文本框中输入"LM358"，查找集成运放，发现下方元件窗口中没有任何信息，此时说明在该元件库中没有该元件。如果知道 LM358 所属的元件库，可以先安装元件库，然后再按照前面的方法查找、放置元件。如果不知道 LM358 所属的元件库，可采用大范围查找的方式。单击"库..."对话框中的"查找..."按钮，弹出"搜索库"对话框，在对话框中输入元件名称：LM358，选中"库文件路径"单选选项，如图 3-18 所示。

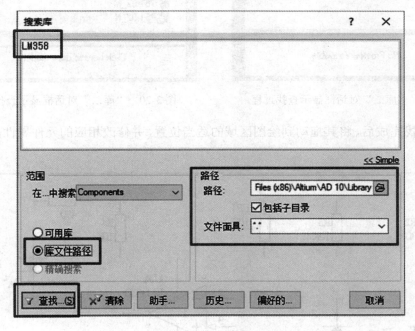

图 3-18　搜索库窗口

单击"查找..."按钮，系统自动开始查找元件，"库..."对话框显示查找过程，如图 3-19 所示。当查找到对应元件时，元件对话框显示出元件名称、符号、封装等信息，此时可以单击"Stop"按钮，提前结束查找，如图 3-20 所示，也可让系统全部查找完对应路径

下的元件库后自动停止。

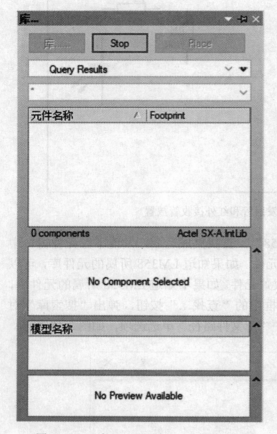

图 3-19　"库…"对话框显示查找过程　　　　图 3-20　"库…"对话框显示查找结果

元件查找完成后，将其拖动到绘图区域的适当位置，并修改相应的元件属性，如图 3-21 所示。

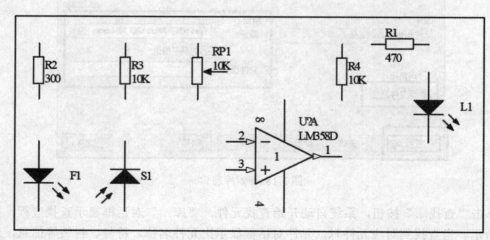

图 3-21　LM358 元件放置

3.3.3　原理图布线

单击工具栏中的"≈"（放置线）按钮，在绘图区分别单击要相连的元件引脚，完成原理图布线，如图 3-22 所示。

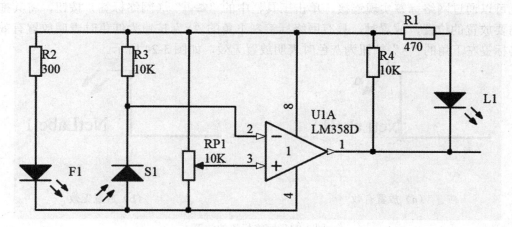

图 3-22　原理图布线完成

3.3.4　端口放置

原理图布线完成之后，需要放置"VCC 电源端口"和"GND 接地端口"，实现循迹电路电源的供给。分别单击工具栏中的"VCC"（VCC 电源端口）按钮和"⏚"（GND 接地端口）按钮，放置适当的位置，如图 3-23 所示。

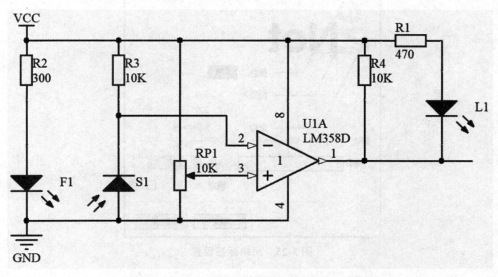

图 3-23　VCC 电源端口和 GND 接地端口的放置

3.3.5　网络标签放置

两元件引脚之间相连除了通过" 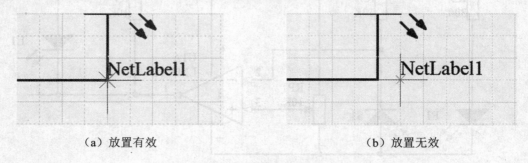 "（放置线）按钮之外，还可通过网络标签实现。循迹电路检测回来的信号需要通过接口传送给控制器主板，在绘制原理图时往往相距较远，因此可以通过网络标签实现连接。单击工具栏中的" Netl "（网络标签）按钮，将其拖动到需要放置的位置，放置时，只有网络标签左下角的"×"按钮为红色时表明放置有效，网络标签左下角的"×"按钮为灰色时表明放置无效，如图 3-24 所示。

（a）放置有效　　　　　　　　　　　　（b）放置无效

图 3-24　网络标签的放置

放置完成后，双击" Netl "（网络标签）按钮，弹出"网络标签"对话框，如图 3-25 所示。在该对话框中可修改网络标签的名称、字体等信息，修改完成后，单击"确定"按钮。

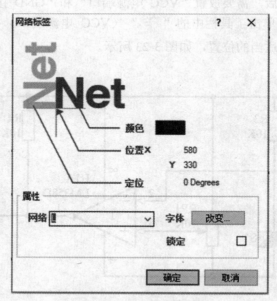

图 3-25　网络标签设置

至此，循迹电路左路（L）原理图绘制完成，其余两路可通过复制实现。注意：需修改元件号（不能重复）、输出网络标签，分别为 L、M、R。

3.3.6　输出接口放置

在"库…"对话框中，元件库选择"Miscellaneous Connectors"选项，快速在查找元件栏中输入"Header 5"，将 5 路输出接口放置到绘图区的适当位置，然后通过网络标签分别将"VCC""GND""L""M""R"放置到 5 路输出接口上，如图 3-26 所示。

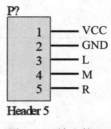

图 3-26　输出接口

3.4　元件符号的制作

在原理图绘制过程中，可以通过在元件库中找出所需的元件，但是不同电路所使用的元件成千上万，在元件库中不可能全部包含。因此有些元件符号需要自行制作，从而完成原理图的绘制。如图 3-27 所示为机器人的 DC5V 稳压电路，其中的稳压芯片 LM2596 并不常见，因此可以进行元件符号的制作。

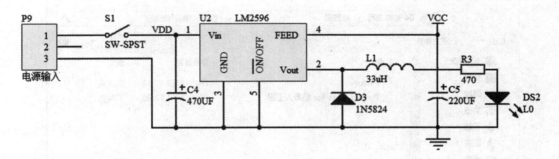

图 3-27　机器人的 DC5V 稳压电路

3.4.1　新建原理图库

选择菜单栏"文件"选项，在弹出的子菜单中依次选择"新的""库""原理图库"选项，原理图库新建完成，如图 3-28 所示。

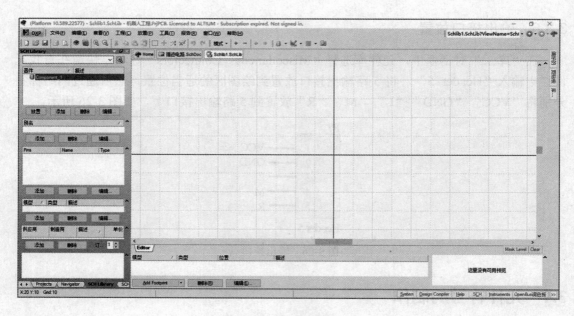

图 3-28　新建原理图库

选择菜单栏"文件"选项，在弹出的子菜单中选择"保存"选项，弹出"Save"对话框，输入文件名：元件符号，选择保存类型，如图 3-29 所示，单击"保存"按钮。

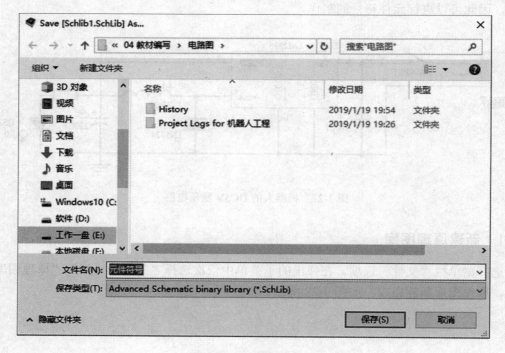

图 3-29　原理图库保存

3.4.2　元件的添加

将左侧工作面板切换到"SCH Library"工作面板，如图 3-30 所示。其已经默认新建了一个元件，元件名为"COMPONENT_1"。

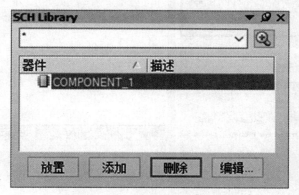

图 3-30　"SCH Library"工作面板

该面板中有"放置""添加""删除""编辑"四个按钮，"放置"按钮是将制作完成的元件符号放置到原理图的绘图区；"添加"按钮是添加一个新元件；"删除"按钮是对不需要的元件进行删除；"编辑"按钮是对选择的元件进行属性的修改。

单击"添加"按钮，弹出"New Component Name"对话框，输入"LM2596"，如图 3-31 所示。

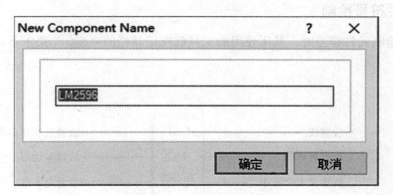

图 3-31　新建元件命名

单击"确定"按钮后，"SCH Library"工作面板中出现新的元件：LM2596，单击"编辑"按钮，弹出"Library Component Properties"对话框，进行 LM2596 元件属性的修改，如图 3-32 所示。修改完成后，单击"OK"按钮。

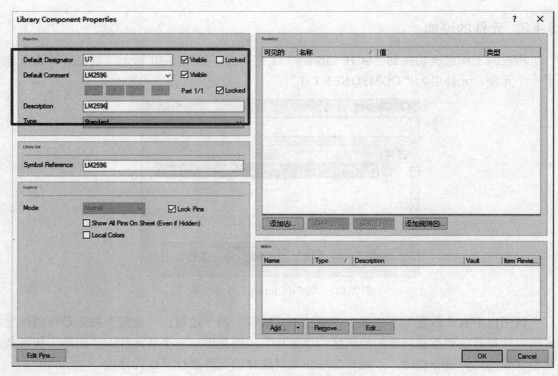

图 3-32　LM2596 元件属性修改

3.4.3　元件符号绘制

在具体绘制元件符号时，其所使用的工具都在工具栏的"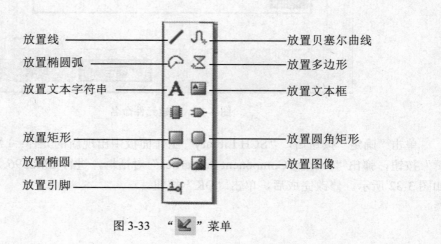"菜单下，如图 3-33 所示。

放置线	放置贝塞尔曲线
放置椭圆弧	放置多边形
放置文本字符串	放置文本框
放置矩形	放置圆角矩形
放置椭圆	放置图像
放置引脚	

图 3-33　"　"菜单

单击""（放置矩形）按钮，在绘图区十字交叉的第四象限绘制一个矩形，大小任意（后期调整），如图 3-34 所示。

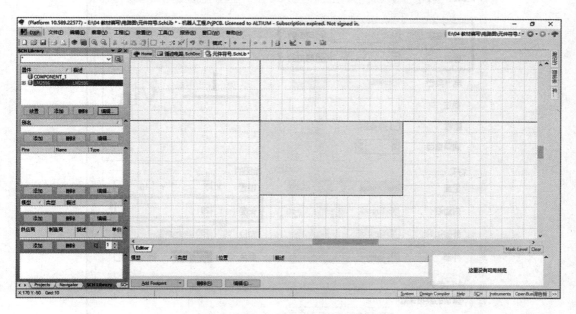

图 3-34　元件符号的绘制

3.4.4　元件引脚放置

元件符号绘制完成之后，还需放置引脚，选择""菜单中的"放置引脚"选项，出现如图 3-35 所示的引脚。该引脚左边"0"为引脚的标识（正常情况为 1 开始的数字），上边"0"为引脚的名称，右侧"×"代表具有电气特性（在原理图中可布线）。

$$0 \quad \xrightarrow{\text{\hspace{1em}} 0 \text{\hspace{1em}}}$$

图 3-35　引脚

将引脚具有电气特性的一端转移（按下空格键进行 90.00° 旋转）到元件符号外，选择合适的位置放置，然后双击鼠标右键，弹出"Pin 特性"对话框，修改相应的属性，如图 3-36 所示，单击"确定"按钮。

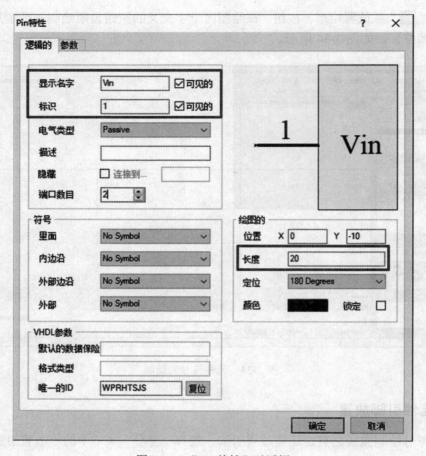

图 3-36 "Pin 特性"对话框

用同样的方法完成其余 4 个引脚的放置，LM2596 元件符号绘制完成如图 3-37 所示。

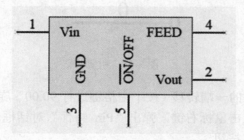

图 3-37 LM2596 元件符号

3.5 元件封装的制作

元件封装是指实际元件安装到电路板时所指示的外观和焊点的位置，是纯粹的空间概念。因此不同的元件可共用一个元件封装，同种元件也可以由不同的元件封装。在 Altium

Designer 10 元件库中，不同的元件都配备了相应的封装，但是配备的封装不一定满足实际的需求，或者自己制作的元件，往往也需要自制元件的封装。如机器人循迹电路中，参见表 3-1，其中列出了元件清单，从中发现电位 RP、红外发射光 F、红外接收管 S 和发光二极管 L 没有写出具体的封装，这时就需要根据元件的实际尺寸进行封装的制作。本节以电位器的封装为例，电位器实物及封装尺寸如图 3-38 所示。

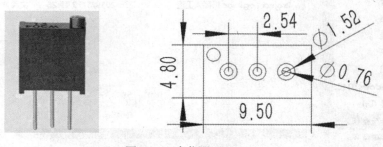

图 3-38　电位器（3296）

3.5.1　新建 PCB 元件库

选择菜单栏"文件"选项，在弹出的子菜单中依次选择"新的""库""PCB 元件库"选项，PCB 元件库新建完成，如图 3-39 所示。

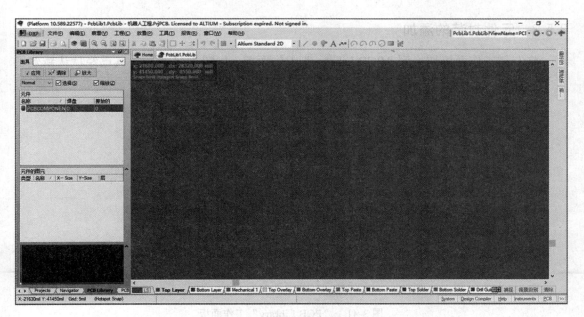

图 3-39　新建 PCB 元件库

选择菜单栏"文件"选项，在弹出的子菜单中选择"保存"选项，弹出"Save"对话框，输入文件名：封装库，选择保存路径，如图 3-40 所示，单击"保存"按钮。

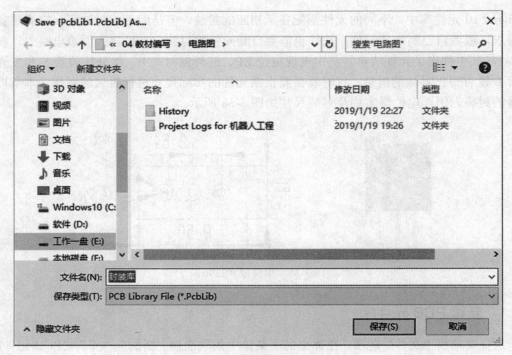

图 3-40　PCB 元件库保存

3.5.2　元件封装的添加

　　将左侧工作面板切换到"PCB Library"工作面板，如图 3-41 所示。其已经默认新建了一个元件封装，名为"PCBCOMPONENT_1"。

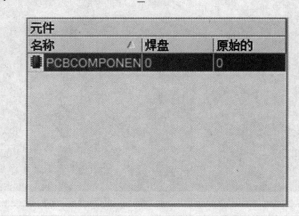

图 3-41　"PCB Library"工作面板

　　在"PCB Library"工作面板中单击鼠标右键，在弹出的快捷菜单中选择"新建空白元件"选项，在列表中新增一个元件封装，双击相应元件，弹出"PCB 库元件[mil]"对话框，输入名称"电位器"，如图 3-42 所示。

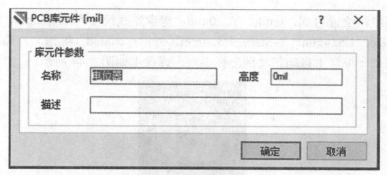

图 3-42 "PCB 库元件[mil]"对话框

单击"确定"按钮后,"PCB Library"工作面板中新建的元件封装名称修改为"电位器"。

3.5.3 焊盘放置与参数修改

选择菜单栏"查看"选项,在弹出的子菜单中选择"切换单位"选项,将单位 mil 转换为 mm。单击工具栏中的"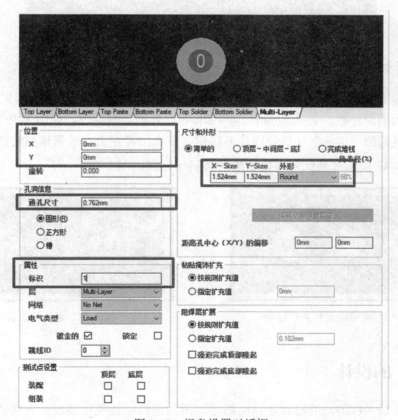"(放置焊盘)按钮,将鼠标移到绘图区域,此时焊盘跟随鼠标移动,放置任意位置,双击该焊盘,弹出焊盘设置对话框,如图 3-43 所示。

图 3-43 焊盘设置对话框

在对话框中，位置为 X：0mm、Y：0mm，焊盘通孔尺寸为 0.762mm，标识为 1，外形尺寸为 X-Size：1.524mm、Y-Size：1.524mm、外形：Round（圆形），修改完成后，单击"确定"按钮。焊盘 1 自动移动到坐标零点，焊盘 1 如图 3-44 所示。

图 3-44　焊盘 1

以同样的方法放置焊盘 2、焊盘 3，X 向的距离为 2.54mm（通过 X 坐标进行设置），放置完成如图 3-45 所示。

图 3-45　焊盘放置完成

3.5.4　元件外框的绘制

在绘图区下方，单击"Top Overlay"标签，单击工具栏中的"▱"（放置走线）按钮，绘制电位器的矩形外框，长 9.50mm，宽 4.80mm，外框绘制完成，如图 3-46 所示。

单击工具栏的"◉"（放置圆环）按钮，在电位器左上方放置调整旋钮符号，绘制完成，如图 3-47 所示。至此，电位器的封装制作完成。

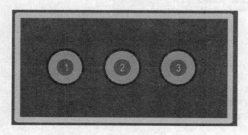

图 3-46　电位器元件外框绘制

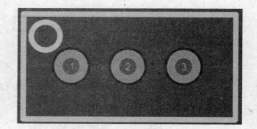

图 3-47　电位器封装

3.6　PCB 的设计

印制电路板（PCB）的设计是以电路原理图为根据，实现电路设计者所需要的功能。其主要指版图设计，需要考虑外部连接的布局、内部电子元件的优化布局、金属连线和通孔的优化布局、电磁保护、热耗散等各种因素。优秀的版图设计可以节约生产成本，达到良好的电路性能和散热性能。本节以循迹电路为例，讲解 PCB 设计的过程。

3.6.1　新建 PCB

选择菜单栏"文件"选项，在弹出的子菜单中依次选择"新的""PCB"选项，PCB 文档新建完成，如图 3-48 所示。

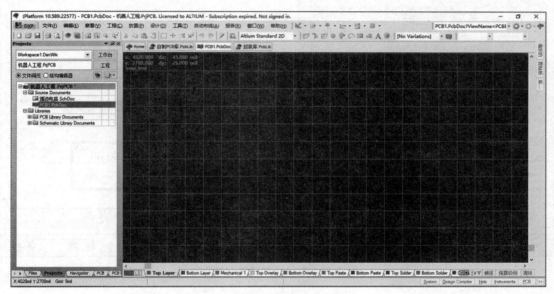

图 3-48　新建 PCB 文档

选择菜单栏"文件"选项，在弹出的子菜单中选择"保存"选项，弹出"Save"对话框，输入文件名：循迹电路，选择保存路径，单击"保存"按钮。

3.6.2　封装的修改

在导入 PCB 之前，需要根据元件的实际尺寸对封装进行修改，循迹电路元件封装如表 3-2 所示。

表 3-2　循迹电路元件封装

序　号	元件名称	元件封装	序　号	元件名称	元件封装
1	电阻	AXIAL-0.3	4	红外发射接收管	HW（自制）
2	电位器	DWQ（自制）	5	指示灯	LED3（自制）
3	集成运放	DIP-8	6	5P 接口	HDR1X5

在原理图文档中，双击所要修改的元件（电阻），打开电阻元件属性对话框，观察发现元件默认的封装（Footprint）为 AXIAL-0.4，如图 3-49 所示。

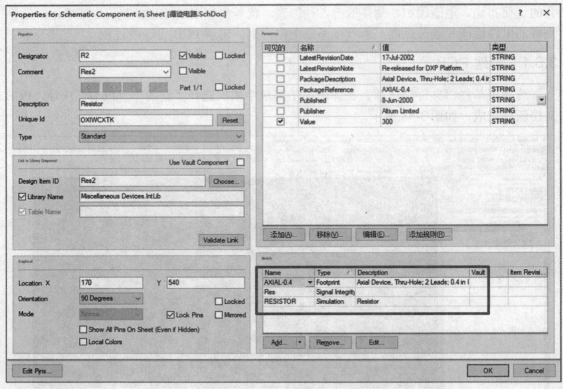

图 3-49　电阻元件属性对话框

单击"Edit Pins…"按钮，弹出"PCB 模型"对话框，如图 3-50 所示。

图 3-50　"PCB 模型"对话框

此时发现"名称"栏为灰色（不可编辑），这是由于 PCB 元件库选择不合适导致的。将 PCB 元件库切换到"任意"，"名称"栏变为可编辑状态，然后将其修改成"AXIAL-0.3"，单击"确定"按钮，退出"PCB 模型"对话框。再单击"OK"按钮，退出"元件属性"对话框，完成元件的封装修改。

以同样的方式完成其他元件封装的修改，满足表 3-2 所示的封装要求。

3.6.3　元件的导入

所有元件封装修改完成之后，可以将元件导入到 PCB 中。在原理图文档中，选择菜单栏"设计"选项，在弹出的子菜单中选择"Update PCB Document 循迹电路.PcbDoc"选项，弹出"工程更改顺序"对话框，如图 3-51 所示。

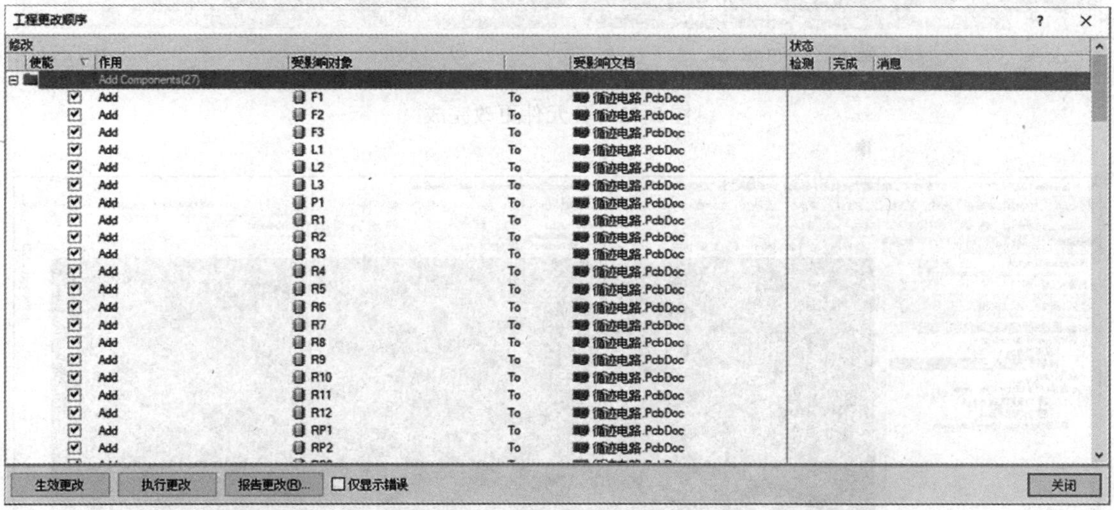

图 3-51　"工程更改顺序"对话框

首先单击"生效更改"按钮，完成各元件的状态检查。然后单击"执行更改"按钮，完成各元件的更改，如图 3-52 所示。通过拉动滚动条观察有无错误信息，也可选中"仅显示错误"复选框进行观察。如果有错误信息，关闭对话框，回到原理图文档找到错误之处并进行修改，修改完成后，重新按照步骤进行元件的更改；如果没有错误，单击"关闭"按钮，自动跳到 PCB 文档，此时可以观察到所有元件已出现在 PCB 绘图界面中，如图 3-53 所示。所有的元件都被一个红色框所包围，此时选择红色框，按"Delete"键删除。

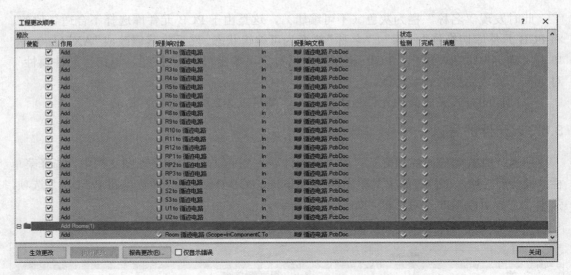

图 3-52　各元件更改完成

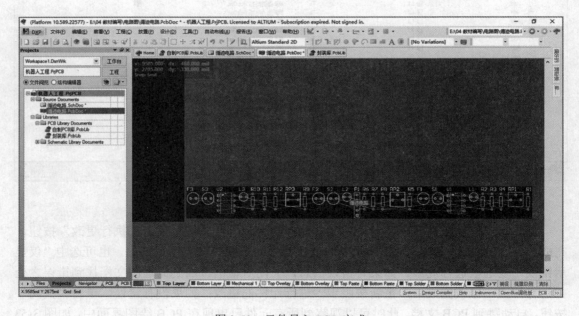

图 3-53　元件导入 PCB 完成

3.6.4　元件的布局

现在所有的元件都分布在 PCB 的右下角，而且处于黑色区域之外。首先需将所有的元件移动到黑色区域内，然后按照要求完成布局（从成本考虑，各元件之间越紧凑越好，但对于特殊的电路，需要考虑散热等因素），如图 3-54 所示。在布局过程中，可通过空格键选择各元件的方向，从而满足紧凑布局的要求。对于各元件的代号（如 R1）需要手动进行移动、旋转调整，使显示更加清晰。

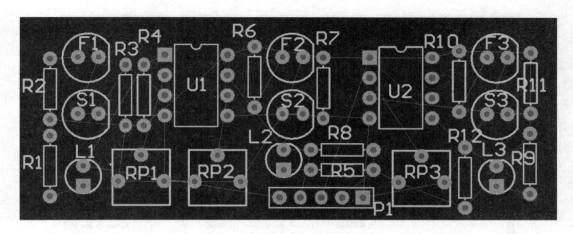

图 3-54 元件参考布局

3.6.5 禁止布线层的绘制

在绘图区下方，单击"Keep-Out Layer"标签，单击工具栏""按钮中的""（放置走线）按钮，沿着布局完成的元件外围绘制一个封闭的区域（在后续布线时，所有的走线不得超出此区域），如图 3-55 所示。

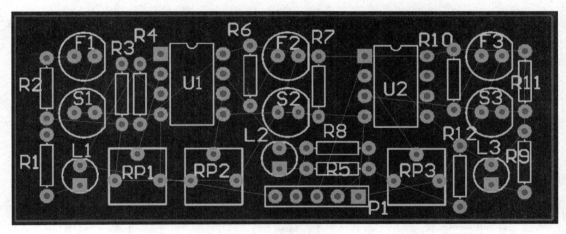

图 3-55 禁止布线层

3.6.6 布线规则的设置

选择菜单栏"设计"选项，在弹出的子菜单中选择"规则"选项，弹出"PCB 规则及约束编辑器"对话框，如图 3-56 所示。在该对话框中，主要完成自动布线层的选择和导线宽度的设置。

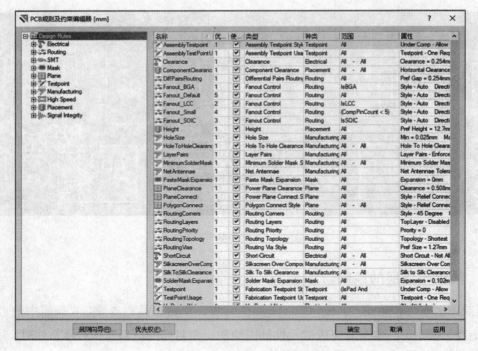

图 3-56 "PCB 规则及约束编辑器"对话框

在"PCB 规则及约束编辑器"对话框中，选择"Routing"选项，在其下级菜单中选择"Routing Layers"选项，如图 3-57 所示。

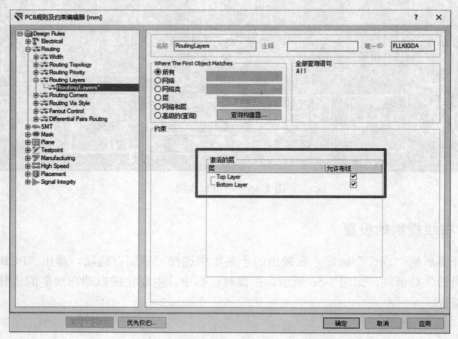

图 3-57 选择"Routing Layers"选项

在该选项中，激活的层默认同时选中"Top Layer"选项和"Bottom Layer"选项，这时默认的 PCB 为双面板。双面板对于布线要求较低，但成本较高，适用于较为复杂的电路。而对于循迹电路，只需单面板就可以实现，因此布线只允许在底层的"Bottom Layer"选项，将顶层的"Top Layer"选项后面复选框的勾去掉，然后单击"应用"按钮完成设置。

在"PCB 规则及约束编辑器"对话框中，选择"Routing"选项，在其下级菜单中选择"Width"选项，如图 3-58 所示，此处默认设置导线的宽度。

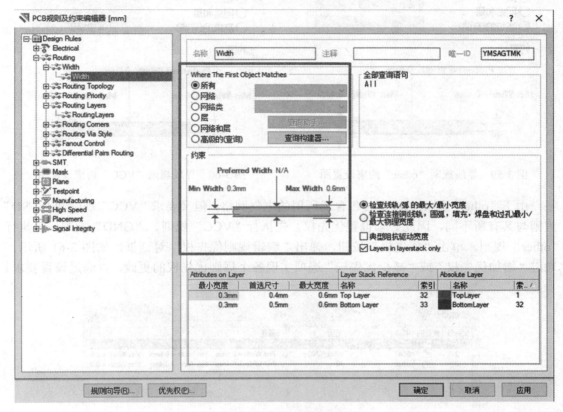

图 3-58　选择"Width"选项

巡线电路中，要求电源线（VCC、GND）的导线宽度为 0.60mm，其余信号线的导线宽度为 0.40mm，首先将默认导线规则"Width"的名称改为"other"，对象选为"所有"，导线宽度 Min Width、Preferred Width、Max Width 均设置为 0.40mm，设置完成后的效果如图 3-59 所示，单击"应用"按钮完成设置。

"other"导线规则设置完成后，还需添加两种规则，分别命名为"VCC"和"GND"。选中"other"规则，单击鼠标右键，在弹出的快捷菜单中选择"新规则"选项，在其上方增加了"Width"规则，单击此规则，名称改为"VCC"，对象选为"网络"，单击下拉箭头，在弹出的下拉菜单中选择"VCC"规则，导线宽度 Min Width、Preferred Width、Max Width 均设置为 0.60mm，设置完成，如图 3-60 所示。单击"应用"按钮，以同样的方法完成"GND"规则的新建和修改。

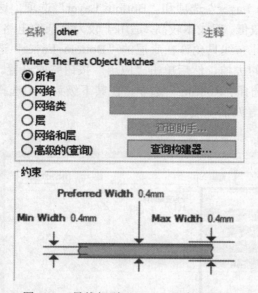

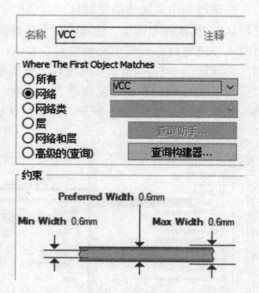

图 3-59 导线规则"other"约束设置图 图 3-60 导线规则"VCC"约束设置图

由于"other"规则在设置时包含了所用的电气网络，但又要求"VCC"规则和"GND"规则与其有所不同，因此必须设置优先权。先执行"VCC"规则、"GND"规则，再执行"other"规则。单击"优先权"按钮，弹出"编辑规则优先权"对话框，如图 3-61 所示。通过"增加优先权"或"减少优先权"选项实现各个规则优先权的更改，以满足设置要求。

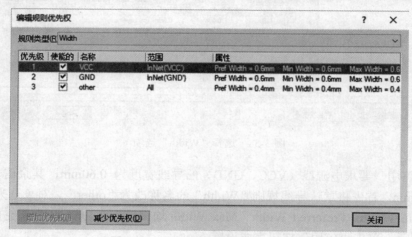

图 3-61 "编辑规则优先权"对话框

3.6.7 自动布线与优化

规则等设置完成后，可以进行自动布线。选择菜单栏"自动布线"选项，在弹出的子菜单中选择"全部"选项，弹出"Situs 布线策略"对话框，如图 3-62 所示。直接单击"Route All"按钮开始自动布线，显示布线的相关信息，如图 3-63 所示。

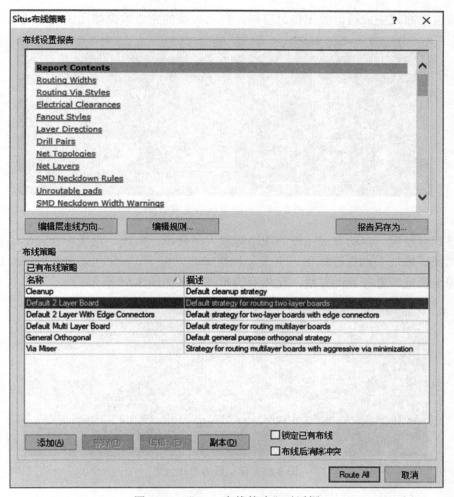

图 3-62　"Situs 布线策略"对话框

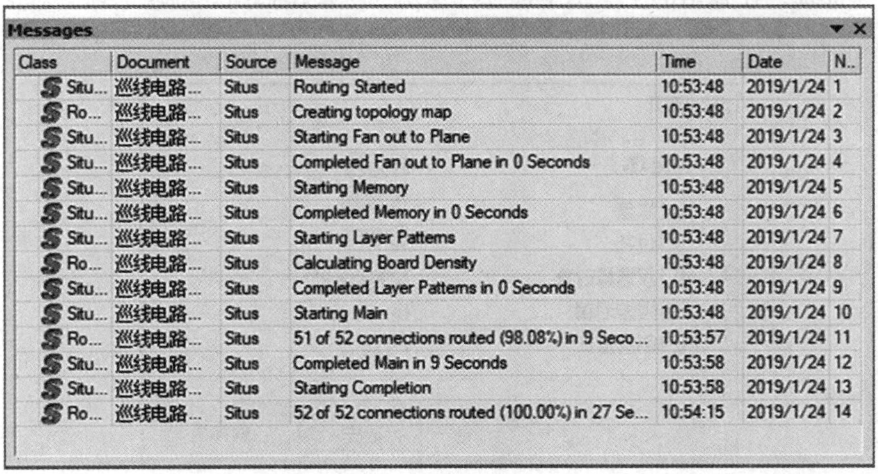

图 3-63　自动布线

等待自动布线完成后，关闭信息窗口，自动布线的完成效果如图 3-64 所示。

图 3-64　自动布线的完成效果

通过观察发现，自动布线完成的线路有较大的问题，重线、走线不合理等现象较为明显，因此还需通过手动进行优化。单击工具栏中的"　"（交互式布线连接）按钮，对不合理的走线重新进行手动布线，优化后的布线效果如图 3-65 所示。

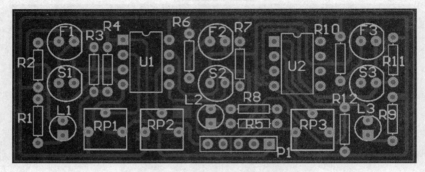

图 3-65　优化后的布线效果

布线优化完成后，为了确保焊点与连线连接更加可靠，还需添加"泪滴"。选择菜单栏"工具"选项，在弹出的子菜单中选择"泪滴"选项，弹出"泪滴选项"对话框，如图 3-66 所示。

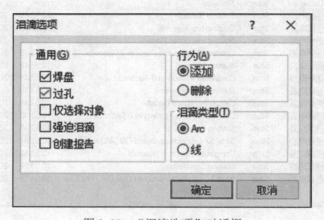

图 3-66　"泪滴选项"对话框

默认设置，直接单击"确定"按钮，完成"泪滴"的添加，添加完成后的效果如图 3-67 所示。

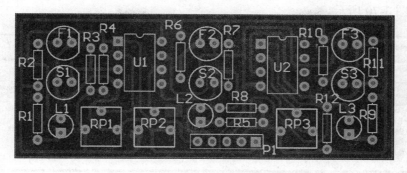

图 3-67　"泪滴"添加完成后的效果

3.7　PCB 制板流程

PCB 是供电子组件安插、有线路的基板，通过使用印刷方式将镀铜的基板印上防蚀线路，并加以蚀刻冲洗出线路。简易的单面板制板流程，如图 3-68 所示。

图 3-68　简易的单面板制板流程

3.7.1　线路打印

选择菜单栏"文件"选项，在弹出的子菜单中选择"页面设置"选项，弹出"Composite Properties"对话框，如图 3-69 所示。

图 3-69　"Composite Properties"对话框

在对话框中，首先设置缩放比例，缩放模式为"Scaled Print"，缩放系数为1，颜色设置为"单色"，其他参数默认。然后选择"高级"选项，弹出"PCB Printout Properties"对话框，如图3-70所示。

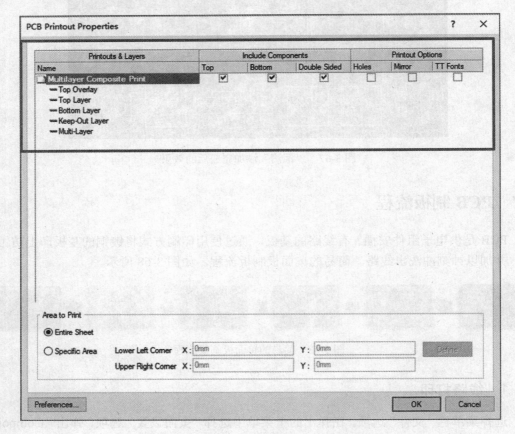

图3-70　"PCB Printout Properties"对话框

该对话框中，主要设置打印的对象，默认打印对象为丝网印刷层"Top Overlay"、顶层"Top Layer"、底层"Bottom Layer"、禁止布线层"Keep-Out Layer"和焊盘层"Mutil-Layer"，对于简易的单面板制作，只需打印底层"Bottom Layer"和焊盘层"Mutil-Layer"，其余层选中按"Delete"键删除。在"Print Options"选项卡中，选中"Holes"选项，实现焊盘通孔效果，设置完成后，单击"OK"按钮。

选择菜单栏"文件"选项，在弹出的子菜单中选择"打印预览"选项，检查所打印的内容是否符合要求，如图3-71所示。检查确认无问题后，单击"打印"按钮（备注：必须采用专用的转印纸）。

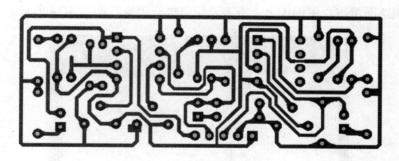

图 3-71　打印预览效果

3.7.2　覆铜板清洗

覆铜板生产出来之后，长期暴露在空气中，表面的铜箔出现氧化现象。当线路转印到铜箔表面时容易出现脱落，在转印之前必须进行清洗。清洗可以采用专门的清洗液，对于要求不高的场合，也可以用清洁球进行刷洗。覆铜板清洁前后对比如图 3-72 所示。

（a）清洗前　　　　　　　　　　　　　　（b）清洗后

图 3-72　覆铜板清洁前后对比

3.7.3　线路转印

将打印完成的线路转印纸进行适当的裁剪，如图 3-73 所示。

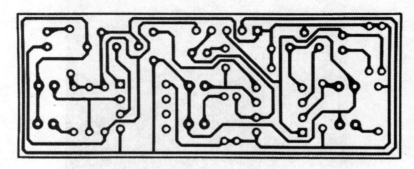

图 3-73　转印纸裁剪

然后将线路面覆盖在覆铜板上，用高温胶带进行固定，如图 3-74 所示。

图 3-74　高温胶带固定效果

打开 PCB 热转印机开关，模式选择为"进板"选项，等待温度上升，当温度到达 199℃时，热转印机预热完成。将覆铜板高温胶带固定面朝向热转印机滚轴，轻轻用力一推，覆铜板进入滚轴后自动向前移动，如图 3-75 所示。

图 3-75　线路转印过程

待覆铜板全部移出热转印机后，稍等冷却取出，并轻轻地将转印纸撕下，如图 3-76 所示。

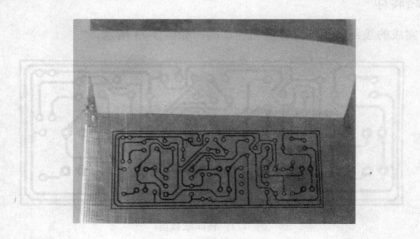

图 3-76　撕除转印纸

3.7.4　线路腐刻

对个别不清楚的线路利用油性笔进行修补，然后在外围用高速钻台钻一个 4.00mm 的孔（用于腐刻时固定）。腐刻装置如图 3-77 所示。

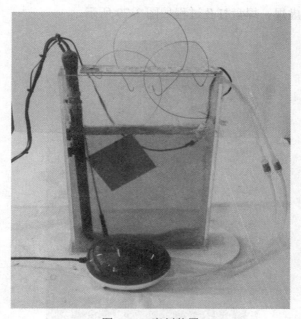

图 3-77　腐刻装置

腐刻装置由容器、加热棒、气泡机等组成，蓝色液体为环保腐刻剂兑一定比例的水，利用钢丝钩住覆铜板挂孔，然后将其放置到蓝色液体中，最好处于悬空状态。待除线路外的铜全部腐刻之后，取出 PCB，用自来水冲洗并擦拭干净。腐刻完成 PCB 如图 3-78 所示。

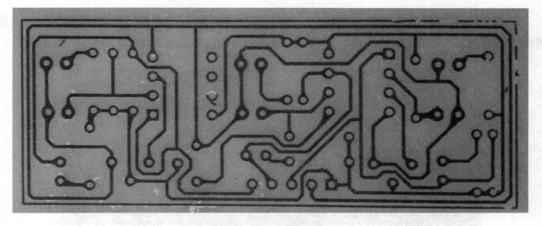

图 3-78　腐刻完成 PCB

3.7.5　焊盘打孔

　　元器件要安装到 PCB 上，需要对焊盘进行打孔，不同焊盘的通孔直径有所不同，需要更换不同直径的麻花钻。钻头直径过小，元器件引脚无法插入；钻头直径过大，会破坏焊盘，导致焊接时出现虚焊。焊盘打孔过程如图 3-79 所示。

图 3-79　焊盘打孔过程

3.7.6　PCB 清洗

　　焊盘通孔全部打通之后，仔细检查，如果没有问题，用清洁球将线路表面黑色的碳膜擦除，条件允许的情况下对线路、焊盘进行镀锡，制作完成的 PCB 如图 3-80 所示。

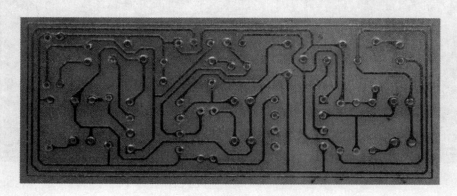

图 3-80　制作完成的 PCB

第4章 机器人控制程序的编程与调试

机器人根据预定的指令，结合各类传感器传回的信号，控制其执行机构实现相应的动作，完成特定的任务。机器人在具备了机械结构、控制电路之后，最为关键的就是控制程序的编写和调试，从而实现机器人的功能动作。

4.1 linkboy 用户界面

双击软件图标"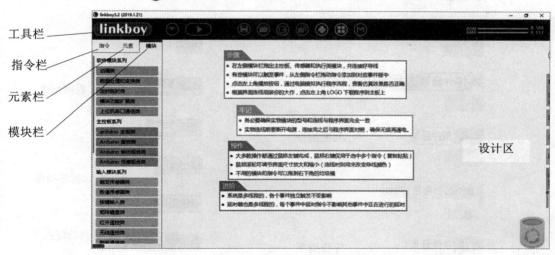"，启动 linkboy，启动后的界面如图 4-1 所示。

图 4-1 linkboy 启动后的界面

linkboy 软件主要由工具栏、指令栏、元素栏、模块栏和设计区组成。

4.1.1 工具栏

linkboy 软件的工具栏如图 4-2 所示，其主要功能包括下载、下载并监控、仿真、保存、打开、新建和另存为。

图 4-2　linkboy 工具栏

常用的 3 个工具的功能介绍如下。

（1）下载：将程序下载到控制板中。

（2）下载并监控：将程序下载到控制板中，并可以观察传感器等采集回来的信号。

（3）仿真：通过电脑模拟运行程序。

4.1.2　指令栏

指令栏包含了如图 4-3 所示的相关指令，主要有子程序、循环指令、判断指令、等待指令、返回指令和功能指令，根据不同的要求进行合理的调用。

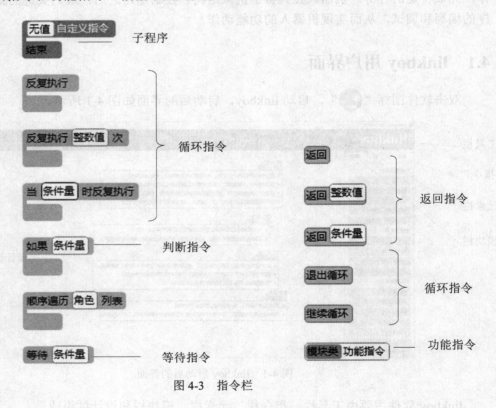

图 4-3　指令栏

4.1.3　元素栏

元素栏包含如图 4-4 所示的相关指令，主要有程序注释和说明、数据类型定义、图片、字体等。

程序注释和说明
整数类型
N
小数类型
F
条件类型
B
音乐

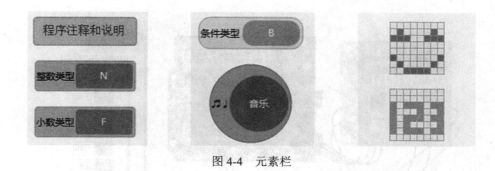

图 4-4　元素栏

4.1.4　模块栏

模块栏包含了如图 4-5 所示的相关模块，主要有软件模块系列、主控板系列、输入模块系列、输出模块系列和一些常用的电子元器件系列，根据不同的需求进行合理的选择。

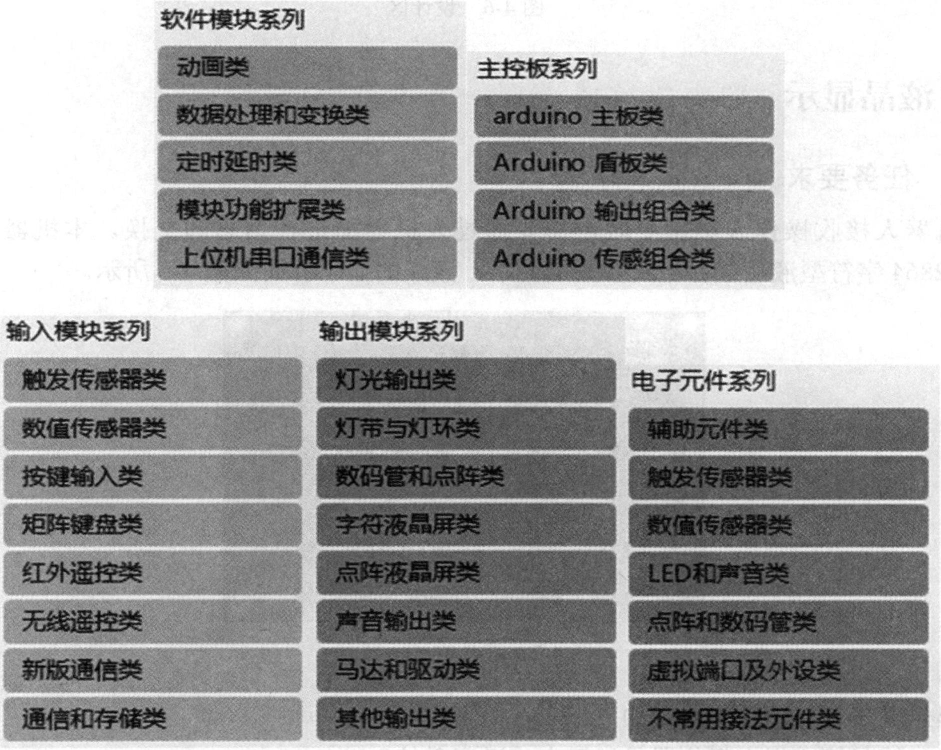

软件模块系列
动画类
数据处理和变换类
定时延时类
模块功能扩展类
上位机串口通信类
主控板系列
arduino 主板类
Arduino 盾板类
Arduino 输出组合类
Arduino 传感组合类
输入模块系列
触发传感器类
数值传感器类
按键输入类
矩阵键盘类
红外遥控类
无线遥控类
新版通信类
通信和存储类
输出模块系列
灯光输出类
灯带与灯环类
数码管和点阵类
字符液晶屏类
点阵液晶屏类
声音输出类
马达和驱动类
其他输出类
电子元件系列
辅助元件类
触发传感器类
数值传感器类
LED和声音类
点阵和数码管类
虚拟端口及外设类
不常用接法元件类

图 4-5　模块栏

4.1.5　设计区

设计区用来放置相关的模块，进行线路的连接和编写控制程序，是设计者的主要操作区域，设计效果如图 4-6 所示。

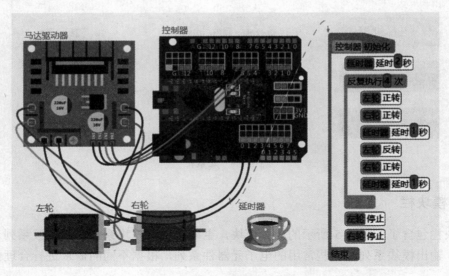

图 4-6　设计区

4.2　液晶显示

4.2.1　任务要求

机器人接收操作人员指令时，需要通过人机界面进行信息的交换。本机器人采用 LCD12864 字符型液晶进行相关参数的显示，液晶的显示界面如图 4-7 所示。

图 4-7　液晶的显示界面

显示区域每行的功能介绍如下。

（1）液晶第 1 行中间位置显示汉字"送餐系统"；

（2）液晶第 2 行分别显示汉字"桌号："，具体桌号数字（可变），汉字"号"；

（3）液晶第 4 行中间位置显示系统时钟，时、分、秒之间用"："隔开。

4.2.2　模块选择

液晶显示任务中主要涉及 3 个模块：MEGA644PA、字符型液晶屏和信息显示器。具体的模块位置如表 4-1 所示。

表 4-1 各模块位置

序 号	系 列	类 别	名 称
1	主控板系列	arduino 主板类	MEGA644PA
2	输出模块系列	字符型液晶屏类	屏幕 ST7920S 文字模式
3	软件模块系列	模块功能扩展类	信息显示器

选择相应的模块放置到设计区合适的位置，放置完成如图 4-8 所示。其中"信息显示器"主要是为了简化液晶显示的编程难度，是一个虚拟的设备，在实际电路中不存在该模块。

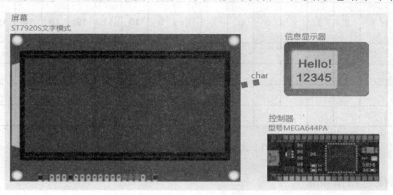

图 4-8 各模块的放置

4.2.3 线路连接

模块放置完成后，根据实际需求对相应的接口通过导线进行连接。连接时，只需分别单击所要连接的端口，线路会自动连上，各模块线路连接完成效果图如图 4-9 所示（注意：每个端口可连接的对象由虚线标示）。

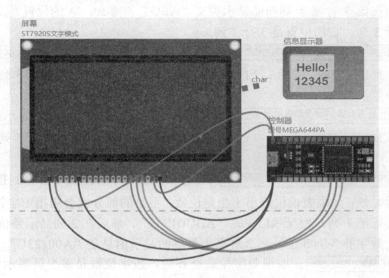

图 4-9 各模块线路连接完成效果图

4.2.4 程序编调

1. 液晶屏显示位置

液晶屏主要用来显示汉字或字符，根据显示原则，汉字至少要求 16×16 像素，普通字符至少要求 16×8 像素。而 LCD 12864 液晶屏横向共 128 个像素点，纵向共 64 个像素点，考虑到汉字、字符的通用性，以 16×8 像素点为 1 个显示单元，将液晶屏划分成 4 行 16 列，具体划分如图 4-10 所示。

列\行	1	2	3	4	5	6	7	8	9	10	11	12	13	14	15	16
1																
2																
3																
4																

图 4-10 人们为液晶屏划分行列位置表

2. 信息显示器指令集

信息显示器 清空：清空屏幕的所有行列字符。

信息显示器 清空第 整数值 行：清空屏幕指定行的文字。

信息显示器 在第 整数值 行第 整数值 列显示信息 ?Cstring：在屏幕的指定行列处显示英文（中文）。例如：在第 3 行第 4 列显示英文 " ABC "，那么，'A'的位置是 3 行 4 列，'B'的位置是 3 行 5 列，'C'的位置是 3 行 6 列。

信息显示器 在第 整数值 行第 整数值 列向前显示信息 ?Cstring：在屏幕的指定行列处向前显示英文（中文）。例如：在第 3 行第 4 列向前显示英文"ABC"，那么，'A'的位置是 3 行 2 列，'B'的位置是 3 行 3 列，'C'的位置是 3 行 4 列。

信息显示器 在第 整数值 行第 整数值 列向前显示数字 整数值：在屏幕的指定行列处显示数字。例如：在第 3 行第 4 列显示 789，那么，7 的位置是 3 行 2 列，8 的位置是 3 行 3 列，9 的位置是 3 行 4 列。

信息显示器 在第 整数值 行第 整数值 列向后显示数字 整数值：在屏幕的指定行列处显示数字。例如：在第 3 行第 4 列显示 789，那么，7 的位置是 3 行 4 列，8 的位置是 3 行 5 列，9 的位置是 3 行 6 列。

信息显示器 用字符 整数值 把数字补齐到 整数值 位：设置了用指定字符把数字补齐到指定位数之后，那么显示数值时候，如果数值位数小于指定位数，不足的部分就会用指定字符填充。例如：之前屏幕第 1 行第 1 列开始显示信息是"ABCDEFG"，然后在 2 列显示数值 123，并设置了用字符 0 把数字补齐到 5 位，那么屏幕上最终的显示信息是"A00123G"。

信息显示器 取消数字位数补齐：取消数字位数补齐后，数字位数是多少就显示多少字符，而不影响屏幕上超出数字位数范围的显示信息。例如：之前屏幕第 1 行第 1 列开始显示信息是"ABCDEFG"，然后在 2 列显示数值 123，那么屏幕上最终的显示信息是"A123EFG"。

> **注意：** 在显示汉字时，一个汉字相当于两个英文，在确定位置时，汉字一般都是在奇数列，若为遇数列，位置将自动后移 1 列。

3. 显示程序

在显示时，需要确定显示的位置（行、列），对于显示中的数字变量需先进行定义，如 num、h、min、s，具体的显示程序如图 4-11 所示。

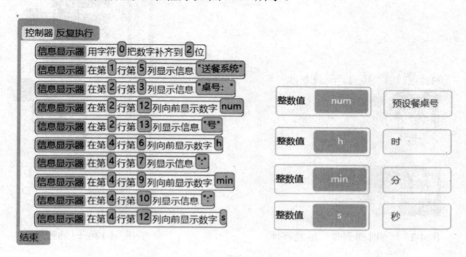

图 4-11 液晶显示的控制程序

4. 时钟程序

系统时钟需要根据要求正常运行，为了提高计时的精确度，本系统中采用定时器进行运行。首先依次选择"模块栏""软件模块系列""定时延时类"选项，然后选择"定时器"选项，放置在"设计区"合适的位置。选择"定时器"选项，名称修改为"时钟定时器"，定时时间为"1.0"秒，如图 4-12 所示。

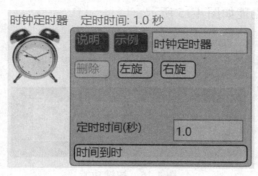

图 4-12 时钟定时器的设置

在时钟定时器中选择"时间到时"选项，设计区出现如图 4-13 所示的触发事件，后续的秒、分、时逻辑关系处理均在该触发事件内执行。

根据时钟的逻辑关系，具体的时钟程序如图 4-14 所示。

图 4-13 "时间到时"触发事件

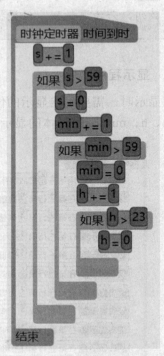

图 4-14 时钟程序

4.3 参数设置

4.3.1 任务要求

在液晶显示中，涉及具体的"餐桌号""时""分""秒"，这些参数在机器人运行过程中都是可变的，需要根据实际的需求进行修改。本机器人通过 4 个按键对相应的参数进行设置，按键的具体功能如图 4-15 所示。

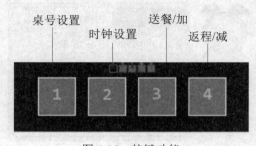

图 4-15 按键功能

（1）当按下"桌号设置"键时，桌号以 1Hz 的频率闪烁，此时按下"加"或"减"键可以设置桌号，桌号范围为 0～10，再次按下"桌号设置"键，退出桌号设置。

（2）当按下"时钟设置"键时，时、分、秒依次以 1Hz 的频率闪烁，此时按下"加"或"减"键可以对应设置时、分、秒，第 4 次按下"时钟设置"键，退出时钟设置。

（3）桌号设置与时钟设置相互牵制，按下"桌号设置"后立刻退出"时钟设置"，同理，按下"时钟设置"后立刻退出"桌号设置"。

4.3.2　模块选择

参数设置任务中主要涉及 4 个模块：MEGA644PA、字符型液晶屏、信息显示器和四按钮矩阵键盘。具体的模块位置如表 4-2 所示。

表 4-2　各模块位置

序　号	系　列	类　别	名　称
1	主控板系列	arduino 主板类	MEGA644PA
2	输入模块系列	矩阵键盘类	四按钮
3	输出模块系列	字符型液晶屏类	屏幕 ST7920S 文字模式
4	软件模块系列	模块功能扩展类	信息显示器

选择相应模块放置到设计区合适的位置，放置完成后的效果如图 4-16 所示。

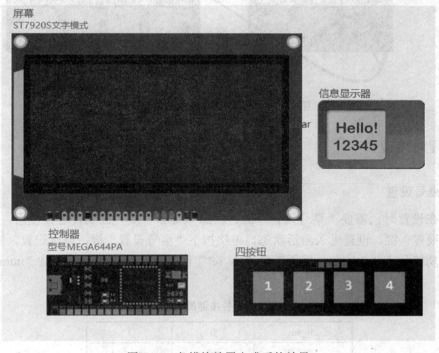

图 4-16　各模块放置完成后的效果

4.3.3 线路连接

模块放置完成后，根据实际需求对相应接口通过导线进行连接。连接时，只需分别单击所要连接的端口，线路自动连上，各模块连接完成的效果图如图 4-17 所示（注意：每个端口可连接的对象由虚线标示）。

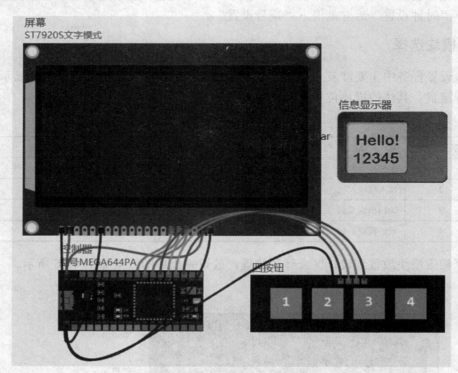

图 4-17 各模块连接完成的效果图

4.3.4 程序编调

1. 桌号设置

桌号在设置时，需要"桌号设置"键、"加"键和"减"键配合进行使用，第一次按下"桌号设置"键，设置进入激活状态，再次按下"桌号设置"键，退出设置，依次类推，各按键的功能如表 4-3 所示。采用变量"zh_set"代表设置是否激活，变量"num"代表桌号。

表 4-3 各按键的功能

zh_set	0	1
"加"键	无效	num 加 1
"减"键	无效	num 减 1

具体的桌号设置程序如图 4-18 所示。

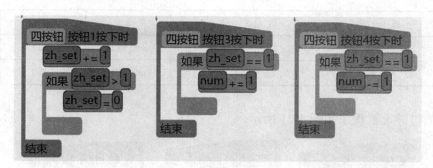

图 4-18　桌号设置程序

为了使操作人员观察得更加直观，在激活状态时，采用桌号闪烁显示的方式，这里就需要对显示进行一定的处理。

1Hz 的闪烁频率，就是 0.5 秒正常显示，0.5 秒无显示，这就需要一个变量"ss"在 0.5 秒时进行切换。0.5 秒切换的程序如图 4-19 所示。

闪烁显示的参考程序，如图 4-20 所示。

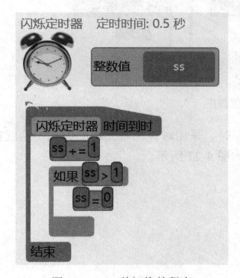

图 4-19　0.5 秒切换的程序

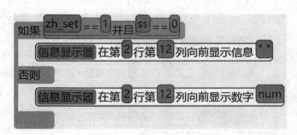

图 4-20　闪烁显示的参考程序

2.　时钟设置

时钟在设置时，需要"时钟设置"键、"加"键和"减"键配合进行使用。第一次按下"时钟设置"键，"时"设置进入激活状态；第二次按下"时钟设置"键，"分"设置进入激活状态；第三次按下"时钟设置"键，"秒"设置进入激活状态；第四次按下"时钟设置"键，退出设置，依次类推。各按键的功能如表 4-4 所示。采用变量"sz_set"代表设置是否激活。

表 4-4　各按键功能

sz_set	0	1	2	3
"加"键	无效	h 加 1	min 加 1	s 加 1
"减"键	无效	h 减 1	min 减 1	s 减 1

具体的时钟设置程序如图 4-21 所示。

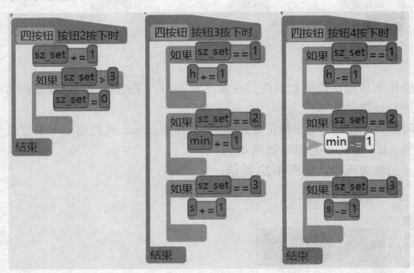

图 4-21　时钟设置程序

　　为了使操作人员观察得更加直观，在激活状态时，采用时钟闪烁显示的方式，这就需要对显示进行一定的处理。闪烁显示的参考程序如图 4-22 所示。

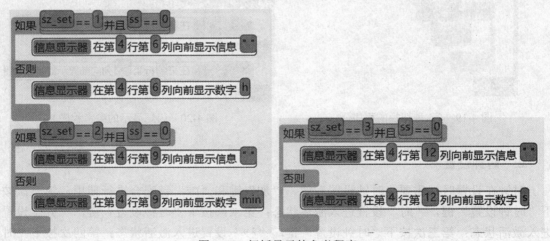

图 4-22　闪烁显示的参考程序

4.4　语音提示

4.4.1　任务要求

机器人在启动、运行过程中，为了更加的人性化，需要语音加以辅助。本机器人中涉及的语音提示包括以下内容。

（1）机器人启动时，提示"您好！我是机器人 XXX，很高兴为您服务"。

（2）预送餐桌号设置完成后，提示"预送餐桌号：XX 号"。

（3）按下"送餐"键后，提示"现在开始送餐"。

（4）在循迹过程中，遇到障碍物时，提示"您挡道了，请让一让，谢谢"。

（5）美食送到指定餐桌号后，提示"主人，美食已送达，请取餐"。

（6）机器人送完餐返程时，提示"祝您用餐愉快"。

（7）机器人到达厨房时，提示"已到达厨房，请分配工作"。

4.4.2　模块选择

语音提示任务中主要涉及 6 个模块：MEGA644PA、字符型液晶屏、信息显示器、四按钮矩阵键盘、MP3 播放器和扬声器。MP3 播放器和扬声器的模块位置如表 4-5 所示。

表 4-5　模块位置

序　号	系　列	类　别	名　称
1	输出模块系列	声音输出类	MP3 播放器
2	电子元件系列	辅助元件类	扬声器

选择相应模块放置到设计区合适的位置，放置完成后的效果如图 4-23 所示。

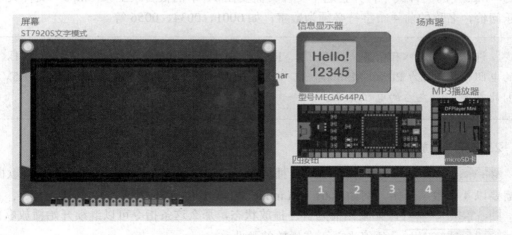

图 4-23　模块的放置完成后的效果图

4.4.3 线路连接

模块放置完成后，根据实际需求对相应的接口通过导线进行连接。连接时，只需分别单击所要连接的端口，线路自动连上，各模块线路连接完成的效果图如图 4-24 所示（注意：每个端口可连接的对象由虚线标示）。

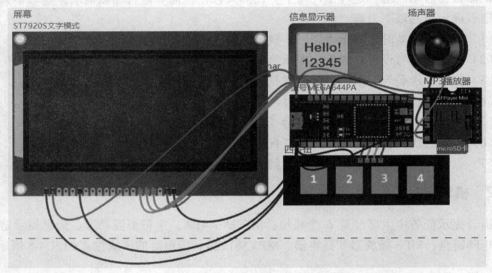

图 4-24　模块线路连接完成的效果图

4.4.4 程序编调

1. 模块说明

MP3 播放器可以播放存放在 TF 卡中的 MP3 歌曲，TF 卡中的歌曲文件，应放在一个名为"mp3"的文件夹中，并且这个文件夹需要在 TF 卡的根目录上。"mp3"文件夹中的音乐问价，名称的前 4 个字符必须为数字，如 0001、0034、0056 等。

> **注意**：若喇叭有杂音，应在 TX、RX 与 MP3 模块的 RX、TX 之间连接一个 1kΩ 的电阻，这是因为 Player Mini 模块工作电压应为 3.3V，而主控板信号输入电压为 5V，因此需要 1kΩ 左右的电阻分压。

2. MP3 播放器指令集

`MP3播放器 播放文件夹mp3中第 整数值 个文件`：播放 TF 卡中的 mp3 文件夹里的指定歌曲，歌曲名称需要以 4 个数字开始，例如 0001_test.mp3、0003 小叮当.mp3 等。

`MP3播放器 继续播放`：如果当前为暂停播放状态，那么这条指令可以继续开始播放歌曲。

`MP3播放器 暂停播放`：暂停当前正在播放的歌曲。

`MP3播放器 停止播放`：停止播放当前的歌曲。

MP3播放器 音量 ：设置播放的音量，当音量数值在 0～30 之间时，数值越大，音量越大；当音量数值等于 0 时，无声音；当音量数值等于 30 时，为最大音量。

MP3播放器 设置波特率为 整数值 ：设置串口通信的波特率。

3．语音文件存储对应名称

语音文件存储对应名称如表 4-6 所示。

表 4-6　语音文件存储对应名称

序　号	文 件 名	语音内容
1	0001 桌号 01	预送餐桌号：01 号
2	0002 桌号 02	预送餐桌号：02 号
3	0003 桌号 03	预送餐桌号：03 号
4	0004 桌号 04	预送餐桌号：04 号
5	0005 桌号 05	预送餐桌号：05 号
6	0006 桌号 06	预送餐桌号：06 号
7	0007 桌号 07	预送餐桌号：07 号
8	0008 桌号 08	预送餐桌号：08 号
9	0009 开机提示	您好！我是机器人 XXX，很高兴为您服务
10	0010 开始送餐	现在开始送餐
11	0011 障碍提示	您挡道了，请让一让，谢谢
12	0012 送达提示	主人，美食已送达，请取餐
13	0013 离开祝福语	祝您用餐愉快
14	0014 到达厨房	已到达厨房，请分配工作

4．控制程序

开机提示语音在机器人上电时自动播放，并且一次播放完成后不再重复，因此可将播放程序放置在系统初始化模块中，具体程序如图 4-25 所示。

餐桌号设置完成后，若餐桌号有效（餐桌号在 01～08 之间），则自动根据所设置的餐桌号进行语音播报，具体程序如图 4-26 所示。

图 4-25　开机提示语音控制程序

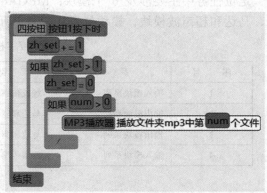

图 4-26　预设餐桌号设置完成语音提示

4.5　定位运行

4.5.1　任务要求

　　送餐机器人在"上餐点"待命，需要送餐时，工作人员将菜肴放置在机器人托盘上；通过设置预送餐桌号后，按下"送餐"键，机器人开始沿着黑色轨迹运行；当到达指定餐桌号时，机器人停止，并进行相应的90°转向；顾客将菜肴端走后，顾客在机器人面前挥挥手，机器人自动返回到主线路上，然后继续沿黑色轨迹运行，最终回到厨房上餐点处停止。餐厅布局示意图如图4-27所示。

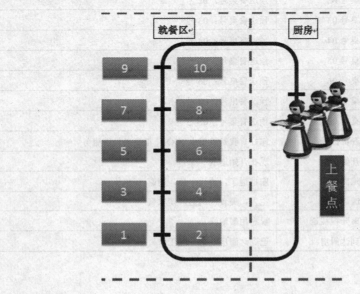

图4-27　餐厅布局示意图

4.5.2　模块选择

　　定位任务中主要涉及6个模块：MEGA644PA、四按钮矩阵键盘、循迹模块、电机驱动、马达和超声波模块。模块位置如表4-7所示。

表4-7　模块位置

序　号	系　列	类　别	名　称
1	输入模块系列	触发传感器类	循迹传感器
2	输出模块系列	马达和驱动类	马达驱动器
3	输出模块系列	马达和驱动类	马达
4	输入模块系列	数值传感器类	超声波测距器

　　选择相应模块放置到设计区合适的位置，放置完成后的效果如图4-28所示。

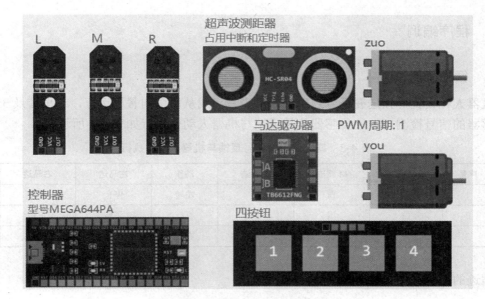

图 4-28　模块放置完成后的效果图

4.5.3　线路连接

模块放置完成后，根据实际需求对相应的接口通过导线进行连接。连接时，只需分别单击所要连接的端口，线路自动连上，各模块线路连接完成效果图如图 4-29 所示（注意：每个端口可连接的对象由虚线标示）。

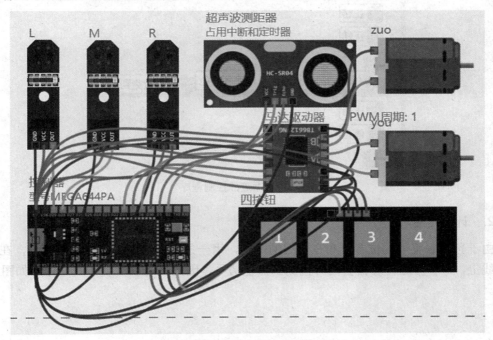

图 4-29　模块线路连接完成效果图

4.5.4 程序编调

1. 循迹程序

机器人在设置好预送餐桌号之后，需要沿着黑线从厨房向餐厅运行，这里涉及 3 个循迹传感器的信号检测，循迹传感器信号反馈与机器人动作执行如表 4-8 所示。

表 4-8 循迹传感器信号反馈与机器人动作执行

序号	L 循迹	M 循迹	R 循迹	动作	左马达	右马达
1	黑	白	白	左转	停止	正转
2	白	黑	白	直行	正转	正转
3	白	白	黑	右转	正转	停止

循迹的控制程序如图 4-30 所示。

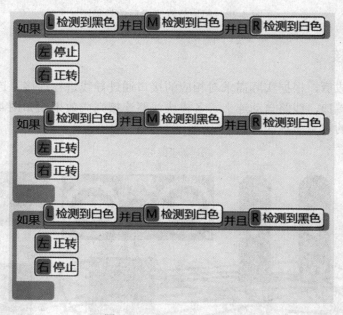

图 4-30 循迹的控制程序

2. 计线程序

由于预设餐桌号的位置分布在主线的两侧，用一条垂直于主线的短黑线标记，在这条短黑线上，3 个循迹传感器会同时检测到黑色信号，因此就可以实现计线，程序如图 4-31 所示。

图 4-31　计线程序

从上述程序看，当 3 个循迹传感器同时检测到黑色时，"计线"变量就一直在往上加，这对于有一定宽度的短线会出现重复计线的现象。为了解决这一问题，可采用一个"标记"变量进行限制，遇到 3 个同时为黑时，进行计线。计线完成后，马上使"标记"变量变化，使计线条件不再成立，只有当机器人离开短线后，使"标记"变量清零，允许再次计线。计线的控制程序如图 4-32 所示。

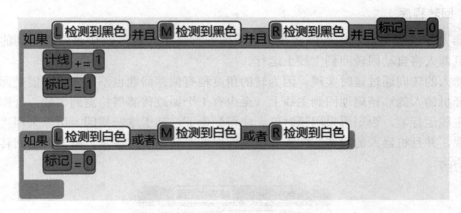

图 4-32　计线的控制程序

在计线的过程中，需要实时与预送餐桌号进行对比，条件成立时，机器人立即停止。通过研究，预送餐桌号与计线的关系为

$$计线＝（餐桌号+1）/2$$

3.　转向程序

在指定位置停止后，需要根据桌号实现向左转或向右转，转向与餐桌号的关系为

左转：餐桌号%2= =1　右转：餐桌号%2= =0

在确定了转向之后，由于机器人没有安装电子指南针，因此可以采用延时实现（延时时间需根据实际情况进行修改）。转向控制程序如图 4-33 所示。

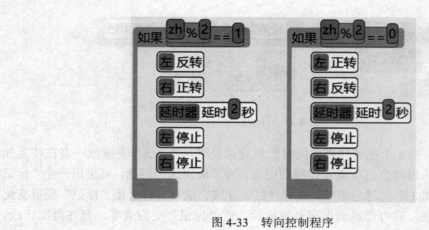

图 4-33　转向控制程序

4. 回转程序

机器人在送餐完成后，当顾客在机器人面前挥挥手（超声波传感器检测到的距离较小），机器人将自动回转回到主线上运行。

机器人的转向通过延时实现，因为转的角度稍有偏差问题也不是太大，但是回转时，必须保证机器人能够精确地回到主线上（至少有 1 个循迹传感器检测到黑线，否则将无法继续沿主线运行），否则再采用延时就无法得到保证，基于这一原因，可以采用"条件循环"实现，并且机器人的回转方向需要根据前面的左转和右转决定。机器人的回转程序如图 4-34 所示。

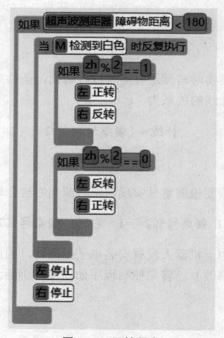

图 4-34　回转程序

5. 执行步骤

机器人各个子程序编写完成之后，需要按照一定的逻辑顺序进行执行，从而满足机器人的功能要求。送餐机器人的执行步骤如图 4-35 所示。

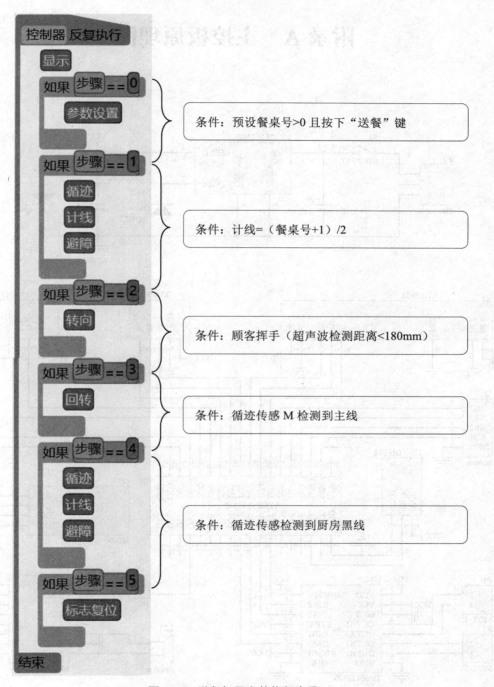

图 4-35　送餐机器人的执行步骤

附录 A 主控板原理图

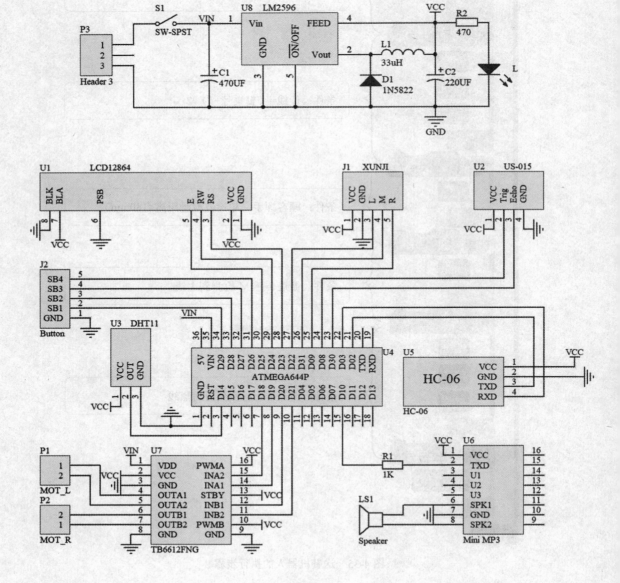

附录 B 循迹模块原理图

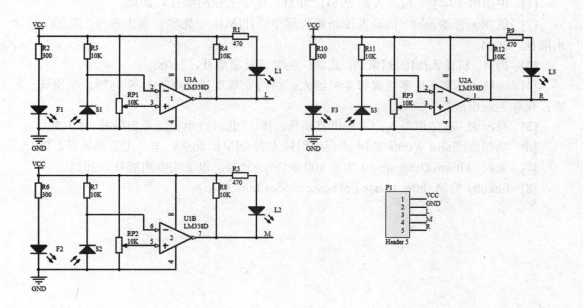

参 考 文 献

[1] 中国电子学会. 机器人简史[M]. 北京：电子工业出版社，2015.

[2] 迈克·普瑞德科. 机器人控制器与程序设计[M]. 宗光华，李大寨译. 北京：科学出版社，2004.

[3] 梅隆. 机器人[M]. 刘荣译. 北京：科学普及出版社，2008.

[4] 神崎洋治著. 从零解说智能机器人：结构原理及其应用[M]. 邓同群，李岚译. 北京：化学工业出版社，2019.

[5] 向忠宏. 服务机器人：未来世界新伙伴[M]. 北京：电子工业出版社，2015.

[6] 明振业. Solid Works 2014 工程应用技术大全[M]. 北京：电子工业出版社，2015.

[7] 宋新. Altium Designer 10 实战 100 例[M]. 北京：电子工业出版社，2014.

[8] linkboy 官网. http://www.linkboy.cc/index.html.